数据要素概论及案例分析

何 俊 刘 燕 邓 飞 著

科学出版社

北 京

内 容 简 介

数据要素是新型生产要素之一，因其蕴含着巨大价值，其重要性被提到了新的高度，但其理论体系尚未完全形成，全生命周期各个环节的理论和技术还在不断探索中。

本书以数据要素知识体系构建和数据要素价值的发掘应用为主线，从理论和行业案例两个方面，对数据要素生命周期涉及的基础理论、概念和方法及数据要素驱动业务发展行业应用案例进行梳理和呈现。基础知识部分包括数据要素的属性、价值、支撑技术，数据要素规范管理、数据确权和交易，以及数据要素市场化配置等内容。行业案例部分从主数据管理实践、数据治理能力提升、数据要素驱动业务创新应用、数据要素催生创新模式四个方面梳理了 21 个案例，旨在通过多个行业领域的应用案例分析来帮助数据要素相关理论知识的理解和应用。

本书可作为政府培训或科研参考资料，也可供高等院校相关专业师生参考使用。

图书在版编目（CIP）数据

数据要素概论及案例分析/何俊，刘燕，邓飞著. —北京：科学出版社，2022.7

ISBN 978-7-03-072210-2

Ⅰ. ①数… Ⅱ. ①何… ②刘… ③邓… Ⅲ. ①数据管理–研究 Ⅳ. ①TP274

中国版本图书馆 CIP 数据核字（2022）第 076258 号

责任编辑：闫悦 / 责任校对：崔向琳
责任印制：吴兆东 / 封面设计：蓝正设计

科学出版社 出版

北京东黄城根北街 16 号
邮政编码：100717
http://www.sciencep.com

北京中石油彩色印刷有限责任公司 印刷
科学出版社发行　各地新华书店经销
*

2022 年 7 月第 一 版　开本：720×1000　1/16
2024 年 3 月第三次印刷　印张：12
字数：239 000

定价：108.00 元

（如有印装质量问题，我社负责调换）

前　言

进入 21 世纪，随着新一轮技术革命和产业革命的兴起，人类进入了数字经济时代，数据成为核心战略资源，世界各国纷纷提出大数据战略，抢占数字经济发展的制高点。随着"数字中国"战略持续推进，数字经济已经深度融入国民经济各个领域，其在优化经济结构、合理配置资源、促进产业转型升级等方面的作用日益凸显。随着移动互联网、物联网、云计算和大数据等新一代信息技术与经济社会各领域的深度融合，人机物互联互通持续推进，数据量呈爆发式增长，大数据驱动产业格局加速变革，国内市场应用需求日益爆发，我国经济社会发展对大数据产业提出了更高的要求，用好数据资源对促进我国经济社会高质量发展至关重要。

数据要素是近年来随着数字经济快速发展，数据在经济社会中发挥日益重要的作用后，国家将数据作为一种与土地、劳动力、资本、技术等传统要素并列为新型生产要素后出现的新名词，它的提出体现了我国新经济的新常态，反映了互联网大数据时代的新特征，是中国特色社会主义市场经济的重要理论创新。数据要素的高效配置、提升数据要素价值，是推动数字经济发展的关键一环，对推动数字经济发展具有重大现实意义。同时，作为新生事物，对数据要素的一些概念和问题，都需要从理论和实践方面进行进一步的探讨和辨析。目前国内大数据领域的部分专家学者都从不同的角度对数据要素的概念范围、发展状况和价值驱动等方面进行了论述和说明，如周涛所著的《为数据而生：大数据创新实践》、杨涛主编的《数据要素：领导干部公开课》、梅宏主编的《数据治理之论》、赵刚所著的《数据要素：全球经济社会发展的新动力》、安筱鹏所著的《重构：数字化转型的逻辑》等。同时，中国信息通信研究院、中国电子技术标准化研究院、国家工业信息安全发展研究中心、中国电子信息产业发展研究院等国内知名智库多年来围绕数据要素的价值释放，在数据要素政策、法律、技术、管理、流通、安全等方面进行了大量的研究探索、归纳总结和精彩分享。他们都是数据要素研究领域的领路人和实践者，向他们致敬！并表达深深的谢意！

在"万物皆数据，一切皆可为"的时代背景下，作者也斗胆在梳理总结 20多年信息化工作经验的基础上，博采众人之长，围绕数据要素的属性、价值和市场化配置等基础知识，以及数据规范管理和驱动业务发展的相关案例，对数据要素进行梳理和分析。由于本书撰写时间紧、任务重，加之作者水平有限，书中难免有疏漏或不妥之处，敬请各位读者朋友批评指正。

最后，再次对大数据领域的各位专家学者们表示诚挚的谢意！感谢你们在深耕大数据领域多年后，将数据要素的研究和探索成果分享于众，你们的前期基础是成就本书的灵感源泉！"数据因流动才能产生价值，知识因分享才弥久芬芳"，愿有更多有识之士加入数据要素的研究和实践领域，共同为新时代充分释放"数据生产力"，助力经济社会更好更快发展。

本书得到国家自然科学基金项目"基于扶贫日志的彝语语音数据自动标注技术研究(62066023)"、国家级新工科研究与实践项目"地方应用型本科高校计算机类专业群系统能力融合提升路径探索与实践(E-JSJRJ20201342)"和云南省高校数据治理与智能决策重点实验室的资助。感谢第一作者何俊所在单位昆明学院、第二作者刘燕所在单位云南省工业和信息化厅信息技术发展中心的大力支持！

作　者

2022 年 3 月于昆明

目　　录

第二篇　行业案例

第一篇 基础知识

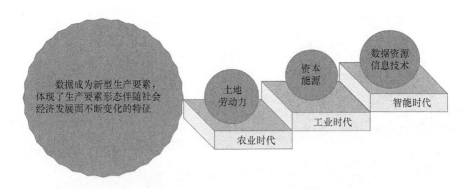

数据成为新型生产要素，体现了生产要素形态伴随社会经济发展而不断变化的特征

土地
劳动力

农业时代

资本
能源

工业时代

数据资源
信息技术

智能时代

探索数据要素发展原理，拥抱数字经济时代到来！

第1章 数据要素概述

1.1 认识数据要素

1.1.1 数据要素的缘起

20 世纪末期,数字革命随着信息技术的发展悄然兴起。近年来,随着大数据、人工智能、物联网、云计算等新兴技术的发展,网络全面普及、计算无处不在、数据广泛连接,以数字经济为代表的新经济成为经济增长的新引擎,数据资源日益成为经济社会全要素生产率提升的新动力源,数据作为生产要素的重要作用日益凸显。生产要素是不断演变的历史范畴,土地和劳动力是农业经济时代重要的生产要素。工业革命后,资本成为工业经济时代重要的生产要素,并且衍生出技术生产要素。随着数据相关的新业态、新模式迅速崛起,它们为传统经济注入新动能的同时,也加速推动国民经济越来越"数字化",数据逐步成为基础性和战略性资源,数据资源掌握的多寡成为衡量各个主体软实力和竞争力水平的重要标志。

（一）数据要素时代背景

数据驱动数字经济时代的到来。数据古来有之,从文明之初的"结绳记事",到文字发明后的"文以载道",再到近现代科学的"数据建模",数据一直伴随着人类社会的发展变迁,加速了人类基于数据和信息认识世界的进程。然而,直到以电子计算机为代表的现代信息技术出现后,才为数据自动处理提供了方法和手段,人类掌握数据、处理数据的能力才实现了质的跃升。信息技术及其在经济社会发展方方面面的应用（即信息化）,推动数据（信息）成为继物质、能源之后的又一种重要战略资源。随着大数据、云计算、物联网、区块链、人工智能、5G 通信等新兴技术的发展和在社会生产生活中的广泛应用,信息技术快速改变人们的生产、生活方式,使人类加速进入数字经济时代。

数据成为全球竞争的战略性资源。从数据对全球生产、流通、分配、消费活动以及经济运行机制、社会生活方式和国家治理能力等产生的重要影响表明,其已经成为"国家基础性战略资源"。美国发布的《联邦数据战略与 2020 年行动计划》以及欧盟委员会公布的《欧洲数据战略》都提到,全球各国均在迅速革新技术，争取在国家安全和国际竞争中的数据资源优势。当前，全球正处于新一轮科技革命和数字化转型突破的历史关头，云计算、大数据、人工智能、自动驾驶等新型经济业态正在形成，加快与经济社会各领域的渗透和融合，从而推动了技术创新、产业升级和经济转型，这些新兴经济业态围绕的核心就是数据。随着无处不在的信息技术深入渗透、全面参与了社会的生产和生活，使越来越多的生产、生活场景数据化，数据逐步成为全社会的关键生产要素。因此，推动数字经济增长的动力来源已由传统基础设施、生产商、资金、土地和劳动力等因素，向信息基础设施、信息技术、数据、数据处理和计算技术、数据治理技术以及消费者的数据关联需求等不断延伸。

数据成为生产要素是历史必然选择。从历史演变的规律看，生产要素是不断演变的历史范畴，其具体形态随着经济发展不断变迁。随着社会生产力的发展，生产要素处在不断再生、分化的过程中，每种生产要素的地位和作用也在不断发生变化。土地和劳动力是农业经济时代重要的生产要素。工业革命后，资本成为工业经济时代重要的生产要素，并且衍生出管理、技术等生产要素。随着数字经济时代的到来，数据要素成为经济发展的新引擎，并演化为新的生产要素，逐步占据了基础性和战略性资源的地位，将作为重要生产力推动人类社会不断向前发展。

（二）数据要素政策背景

2019 年底我国发布的《中共中央关于坚持和完善中国特色社会主义制度、推进国家治理体系和治理能力现代化若干重大问题的决定》[①]提出"健全劳动、资本、土地、知识、技术、管理、数据等生产要素由市场评价贡献、按贡献决定报酬的机制"，首次将数据列为与劳动、资本、土地、知识、技术、管理并列的生产要素，数据要素参与分配首次获得确认。2020 年初我国发布的《中共中央国务院关于构建更加完善的要素市场化配置体制机制的意见》[②]进一步明确提出"加快培育数字要素市场"的内容，从"推进政府数据开放共享""提升社会数据资源价值"和"加强数据资源整合和安全保护"三个方面明确要求，具体内容如图 1-1 所示。

我国将数据作为一种新型生产要素明确提出，体现了互联网大数据时代的新特征，为加快培育数据要素市场、健全要素市场运行机制指明了大方向，形成了包括劳动、资本、土地、技术和数据完整的生产要素体系，这对于引导各类

① 见中华人民共和国中央人民政府网站，网址为 http://www.gov.cn/zhengce/2019-11/05/content_5449023.htm。

② 见中华人民共和国中央人民政府网站，网址为 http://www.gov.cn/zhengce/2020-04/09/content_5500622.htm。

要素协同向先进生产力集聚，加快完善社会主义市场经济体制具有重大意义。明确了由市场来评价贡献的机制，使生产要素的贡献主要由市场说了算，各类生产要素的参与者在市场行为中通过生产要素的供求变化和价格来反映要素的价值，进而评价生产要素的贡献。

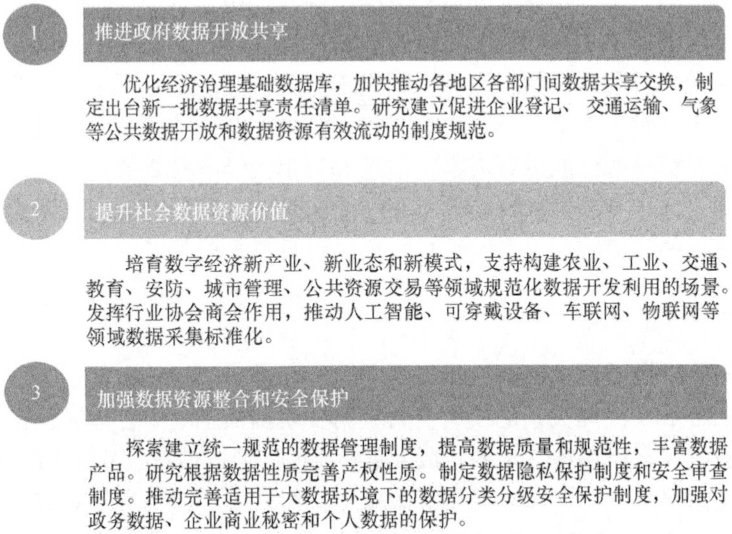

1 推进政府数据开放共享

优化经济治理基础数据库，加快推动各地区各部门间数据共享交换，制定出台新一批数据共享责任清单。研究建立促进企业登记、交通运输、气象等公共数据开放和数据资源有效流动的制度规范。

2 提升社会数据资源价值

培育数字经济新产业、新业态和新模式，支持构建农业、工业、交通、教育、安防、城市管理、公共资源交易等领域规范化数据开发利用的场景。发挥行业协会商会作用，推动人工智能、可穿戴设备、车联网、物联网等领域数据采集标准化。

3 加强数据资源整合和安全保护

探索建立统一规范的数据管理制度，提高数据质量和规范性，丰富数据产品。研究根据数据性质完善产权性质。制定数据隐私保护制度和安全审查制度。推动完善适用于大数据环境下的数据分类分级安全保护制度，加强对政务数据、企业商业秘密和个人数据的保护。

图 1-1　"加快培育数字要素市场"的政策要求

1.1.2　数据要素的概念

（一）数据要素的内涵

针对"数据要素"的内涵，研究者们从不同视角给出了一些解释。蔡跃洲等[1]认为，从广义的角度看"数据"原本是指基于测度或统计产生的可用于计算、讨论和决策的事实或信息；而数字经济时代，作为新生产要素的狭义"数据"则专指被编码为二进制"0""1"字符串，以比特形式被计算机设备进行存储和处理的信息。郭琎等[2]认为数据要素是原始的数据对象、经拓展和加工处理后的信息，也可以是包括模型化的预测数据、智能化的数据产品和服务等在内的知识。而余辉[3]从不同视角分析了数据要素的含义，具有一定参考价值：从要素原理视角来看，数据具有非竞争性，如果作为公共产品，会带来整体效率的增进，但是由于伦理隐私、安全保密、产权保护等因素，现实世界中数据共享不易；从政府部门视角来看，数据是关键资源，是权力得以运行的基础，如果共享了数据，就失去了相对唯一的话语权、决策权，也把绩效评判交到他人手上；从企业视角来看，数据是核心资产、核心竞争力，是长期投资积累形成的，并且一般会附着在受法律保护的知识产权上，独享数据可以获得相对优势的市场地位，甚至垄断地位，追逐更多超额利润；从社会个体视角来看，为保护安全、隐私、商业机密等，涉及特定个体的数据在采集、流转、使用等环节，除法律强制规定外，都需要该个体明确授权。作为生产要素，数据只有在流通、共享、使用过程中才会产生更多价值。为了激发数据要素的价值，增进全社会的效率和福利，可从经济数据入手建立融通机制，努力实现部分经济数据的共享利用。

数据要素最早是一个经济学术语，数据、信息和知识是生产要素，数据要素是指经济活动中对数据、信息和知识的应用。美国经济学家斯蒂格利茨在《信息经济学》一书中指出，很多经济决策需要在信息不充分的条件下做出，因此信息是有价值的，信息的获取也有成本，信息成为现代经济分析的一个重要变量，对人们的行为、市场交易等都有影响，并由此引发了各种制度创新。因此，从信息和知识等方面的价值和关系角度解释数据要素具有重要参考意义。

（二）DIKW分析模型

DIKW分析模型是指数据（data）、信息（information）、知识（knowledge）和智慧（wisdom）之间关系的模型，为数据要素提供了一个合适的分析框架。数据是整个数据要素市场最基本的构成元素，数据是形成信息、知识和智慧的源泉。数据作为信息科学中一个基本但复杂的概念，对其的理解离不开对信息和知识等相关概念的辨析。DIKW分析模型框架如图1-2所示。

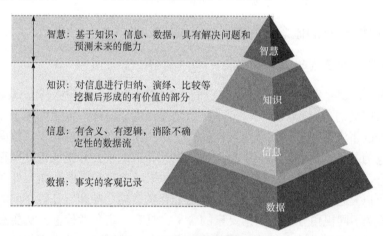

图 1-2　DIKW 分析模型框架图

DIKW模型将数据、信息、知识、智慧纳入到一种金字塔形的层次体系，每一层比下一层都赋予了一些特质。原始观察及量度获得了数据，分析数据间的关系获得了信息，在行动上应用信息产生了知识，具有预测性能力的知识支撑决策产生了智慧。下面从不同维度对数据要素进行分析解释。

1. 从数据维度

数据（data）是人类发展进程中，对事实或观察结果的一种记录和表达，既包括对客观事物的逻辑归纳，也包括对人自身的心理、语言、行为等主观事物的抽象表达，用于表示事物的未经加工的原始素材。在计算机科学中，数据的定义是指所有能输入到计算机并被计算机程序处理的符号的介质的总称，是用于输入电子计算机进行处理，具有一定意义的数字、字母、符号和模拟量等的通称。国际数据管理协会（Data Management Association，DAMA）的定义为：数据是以文字、数字、图形、图像、声音和视频等格式对事实进行表现。而国际标准化组织（International Organization for Standardization，ISO）对以上两种定义进行了进一步概括，认为"数据是对事实概念或指令的一种形式化表示"。

以上定义各有侧重，一方面，数据若想为人所用，必须能够被计算机以数字化、可视化的形式呈现出来，这是数据必备的外在形态；另一方面，数据之所以有价值，是因为其承载着某些客观事实，这是数据的内在实质。因此目前普遍认为，数据是指所有能够输入计算机程序处理、反应一定事实、具有一定意义的符号介质的总称。

2. 从信息维度

信息来源于数据并高于数据。信息是具有时效性的、有一定含义的、有逻辑的、经过加工处理的、对决策有价值的数据流。信息是有组织和结构化的数据，与特定目标和情景有关，因此有价值和意义。根据信息论，信息能削减用熵度量的不确定性。

20 世纪 80 年代哲学家们提出了广义信息，认为信息是直接或间接描述客观世界的，把信息作为与物质并列的范畴纳入哲学体系，认为信息是事物状态及其状态变化的反映，也是物质的一种普遍属性。

3. 从知识维度

知识是让从定量到定性的过程得以实现的、抽象的、逻辑的东西。知识需要通过信息使用归纳、演绎等方法得到。知识只有在经过广泛深入地实践检验，被人消化吸收，并成了个人的信念和判断取向之后才能成为知识。

知识是一种流动性质的综合体，其中包括结构化的经验、价值，以及经过文字化的信息。在组织中，知识不仅存在于文件与储存系统中，也蕴含在日常例行工作、过程、执行与规范中。知识来自于信息，信息转变成知识的过程中，均需要人们亲自参与。知识包括"比较""结果""关联性"与"交谈"的过程。

4. 从智慧维度

智慧是人类解决问题的一种能力，智慧是人类特有的能力。智慧的产生需要基于知识的应用。智慧是人类基于已有的知识，针对物质世界运动过程中产生的问题根据获得的信息进行分析、对比、演绎找出解决方案的能力。这种能力运用的结果是将信息的有价值部分挖掘出来并使之成为已有知识架构的一部分。

　　5. 数据、信息、知识、智慧维度之间的关系

　　（1）依次存在从属关系。从数据中可以提取出信息，从信息中可以总结出知识，从知识中可以升华出智慧。这些提取、总结和升华都不是简单的机械过程，还要依靠不同方法论和额外输入（如应用场景和相关学科的背景知识）才能完成。因此，信息、知识和智慧尽管也属于数据的范畴，却是"更高阶"的数据。

　　（2）数据是观察的产物。观察对象包括物体、个人、机构、事件以及它们所处环境等。观察是基于一系列视角、方法和工具进行的，并伴随着相应的符号表达系统，如度量衡单位。数据就是用这些符号表达系统记录观察对象特征和行为的产物。数据可以采取文字、数字、图表、声音和视频等形式。在存在形态上，数据有数字化的（digital），也有非数字化的（如记录在纸上）。但随着信息和通信技术（international and communications technology，ICT）的发展，越来越多数据被数字化，在底层都表示成二进制形式。

　　（3）数据到智慧需要逐级的分析和提炼。计量经济学从数据中提炼信息，主要包括：一是发现数据中隐含的规律和模式；二是估计模型；三是检验假说。对应着 DIKW 模型的信息层次。例如，对数据做描述统计，计算变量的平均值、标准差以及变量之间的相关系数等，是从数据中提炼信息的最简单方式之一。计量经济学经常假设数据遵循数据生成过程（data generation process），但数据生成过程的模型形式和参数取值未知，并且随机干扰会给观察带来误差。计量经济学根据观察到的数据，估计数据生成过程，再据此检验假说。人工智能和大数据分析方法对数据的处理更为灵活，分为预测型分析和描述型分析。预测型分析是根据某些变量的取值，预测另外一些变量的取值。描述型分析是导出、概括数据中潜在联系的模式，包括相关、趋势、聚类、轨迹和异常等。两类分析体现为分类、回归、关联分析、聚类分析、推荐系统和异常检测等具体方法。

　　根据计量经济学分析结果提出政策建议，对应着 DIKW 模型的知识层次。很多政策研究属于规范分析，回答"应该是什么"的问题。经济学关于经济均衡、经济增长、宏观调控、价格机制、微观激励和风险定价等方面的洞见，对应着 DIKW 模型的智慧层次。

　　（4）与数据和信息相比，知识和智慧更难被准确定义。知识是对数据和信息的应用，给出关于如何做（how）的答案。智慧则有鲜明的价值判断意味，在很多场合与对未来的预测和价值取向有关。

1.1.3　数据要素的属性

　　数据要素具有多个维度属性，下面重点对信息和经济两个维度的属性进行

介绍。

（一）数据的信息属性

一般而言，数据的信息学属性主要包括 6 个方面。

（1）数据变量，如样本分布、时间覆盖和变量/属性/字段等；

（2）数据容量，如样本数、变量数、时间序列长度和占用的存储空间等；

（3）数据质量，如样本是否有代表性，数据是否符合事先定义的规范和标准，观察的颗粒度、精度和误差，以及数据完整性（如是否有数据缺失情况）。

（4）数据来源，有些数据来自第一手观察，有些数据由第一手观察者提供，还有些数据从其他数据推导而来。数据可以来自受控实验和抽样调查，也可以来自互联网、社交网络、物联网和工业互联网等；数据可以由人产生，也可以由机器产生；可以来自线上，也可以来自线下。

（5）数据类型，包括是数字化还是非数字化的，是结构化还是非结构化的，以及存在形式（文字、数字、图表、声音和视频等）。

（6）数据交互，不同数据集之间的互操作性和可连接性，如样本身份证件（identity document，ID）是否统一、变量定义是否一致，以及数据单位是否一致等。

（二）数据的经济属性

数据的经济属性可以从以下 8 个方面进行分析。

（1）数据对生产的投入具有相对独立性。

数据可作为生产要素的自变量之一，可独立于劳动、土地、资本、技术等生产要素产生价值。

（2）数据对生产的投入具有协同性。

在数字经济时代，虽然数据成为关键生产要素，权重日益提高，对生产的价值贡献日益突出，但通常情况下数据需要与劳动、土地、资本、技术等要素进行协同，以产生更大价值。

（3）数据蕴藏着其他生产要素的意义。

数据是经济社会活动的产物，可能蕴藏其他生产要素的意义。同时数据是事实的描述和记录，对其他生产要素能够完成镜像映射。由于数据获得了其他要素的意义，某种程度上可以减少其他生产要素的投入，降低要素投入的总成本。

（4）数据具有技术依赖性。

数据虽然只是一种符号存在，但"镜子"即处理数据的技术载体却是物理空间的具体存在，且数据要发挥价值，必须要生成信息和知识，需要依赖处理数据的物理载体、技术和方法。

（5）数据具有时效性。

劳动、土地、资本、技术、数据等生产要素的属性都会随时间发生变化，但相比其他生产要素，数据随时间而变化的频率更高，价值衰变更快。

（6）数据投入具有高固定成本、低边际成本的特点。

数据"取之不竭，用之不尽"的特性克服了传统生产要素的资源总量限制，可以形成规模报酬递增的经济发展模式。由于复制数据的边际成本较低，在数据应用阶段，可以根据数据的应用价值为数据产品定价。

（7）数据可被重复利用。

数据可以满足当前需求，也可以被重复利用到新应用场景中。因此数据不仅要考虑其当前价值，还要考虑其未来价值和再利用价值。

（8）数据有很强的外部性。

虽然很多组织或个人没有对数据进行投资，但仍可分享到数据的红利，因此数据的生产和投入有很强的外部性。

（三）数据的经济学特征分析

1. 数据的资产特征分析

数据可以产生价值，因此具有资产属性。数据兼有商品和服务的特征。一方面，数据可存储、可转移，类似商品。数据可积累，在物理上不会消减或腐化。另一方面，很多数据是无形的，类似服务。数据作为资产具有很多特殊性，表 1-1 从是否具有竞争性和排他性两个维度，来分析不同的数据产品的特征。

表 1-1　数据产品分类比较

	排他性	非排他性
竞争性	私人产品	公共资源
	• 收费的，限制重复使用的数据报告 • 私人比特币账户的数字货币 • 阅后即焚的图片	• 规定了使用次数的公共数据
非竞争性	俱乐部产品	公共产品
	• 收费的彭博社数据终端 • 收费的万得数据账户 • 收费的饮鹿网账户 • 收费的数字电视	• 经济统计数据 • 天气预报数据 • 交通运输数据 • 免费的企业信用数据 • 互联网的免费数据和信息

（1）大部分数据具有非竞争性和非排他性。竞争性指的是，当一个人消费某

种产品时，会减少或限制其他人对该产品的消费；非竞争性指的是，当一个人消费某种产品时，不会减少或限制其他人对该产品的消费。大部分数据可以被重复使用，重复使用不会降低数据质量或容量，并且可以被不同人在同一时间使用，因此具有非竞争性。很多数据是非竞争性的，如经济统计数据。

排他性是在付费消费某种产品时，排除其他没有付费的人消费这一产品；非排他性指的是，当某人在付费消费某种产品时，不能排除其他没有付费的人消费这一产品，或者排除的成本很高。很多数据是非排他性的，如天气预报数据。

（2）通过技术和制度设计，有些类型的数据具有竞争性和排他性。例如，一些媒体信息终端采取付费形式，只有付费会员才可以阅读，这些数据产品一般为私人产品和俱乐部产品。

2. 数据的确权难特征分析

数据的所有权不管在法律上还是在实践中都是一个复杂问题，难以确定数据要素的产权属性。特别对个人数据和物联网产生的数据更难确权，不利于数据要素的生产和流通。数据容易在未经合理授权的情况下被收集、存储、复制、传播、汇集和加工，并且数据汇集和加工伴随着新数据的产生。这使得数据的所有权很难界定清楚，也很难被有效保护。例如，在互联网经济中，互联网平台记录下用户的点击、浏览和购物历史等，是非常有价值的数据。这些数据尽管描述了用户的特征和行为，但不像用户个人身份信息那样由用户对外提供，很难说由用户所有。互联网平台尽管记录和存储这些数据，但这些数据与用户的隐私和利益息息相关，很难任由互联网平台在用户不知情的情况下使用和处置这些数据，所以互联网平台也不拥有完整产权。因此，需要通过制度设计和密码学技术等精巧界定用户作为数据主体以及互联网平台作为数据控制者的权利，这会对他们之间的经济利益关系产生显著影响。

3. 数据的开放共享性特征分析

数据本身具有开放性，数据可流动、可共享，易于复制，其复制成本几乎是零边际成本，使用过程中非但不会被消耗，反而能产生更多数据，数据总量趋近于无限，而且随着数据量的增大，其边际价值会增加，具体体现为范围经济效应。即数据越多价值越大，越分享价值越大，越不同价值越大，越跨行业、区域、国界价值越大。因此，实施数据开放共享，优化治理基础数据库，不断完善数据权属界定、开放共享、交易流通等标准和措施，促使数据资产重复使用、多人共同使用、永久使用，加快推动各区域、部门间数据共享交换，显得十分必要。

1.1.4　数据要素的趋势

近年来，数据要素迅速被人们所认识和理解，并在祖国大地上落地开花，政府、学术界、产业界的研究、探索和实施不断深入，成果不断显现。

1. 数据要素市场聚集效应逐渐显现

各省市逐步汇聚龙头企业，发挥龙头企业数据规模大的优势，充分释放数据聚集效益。龙头企业开始利用自身固有技术优势和成本优势，将数据要素迅速融入传统优势产品，丰富自身数据服务品类，为小微企业做出示范。

2. 数据要素市场区域分工持续优化

各地方结合自身独有区域市场优势，制定符合区域发展环境的数据要素市场政策。区域分工协作格局逐渐形成，北上广深依托自身人才与技术优势大力发展数据流通交易与数据技术研发等高精尖业务。而围绕中心经济带的欠发达地区则发挥人力密集特点开展数据标注、清洗等传统数据服务。

3. 数据要素流通技术手段不断创新

以联邦学习为例，是针对"数据孤岛"和数据共享中的隐私安全问题这一两难情况提出的一个机器学习框架，能有效帮助多个机构在满足用户隐私保护、数据安全和政府法则的要求下，进行数据使用和机器学习建模。

（1）传统的多中心合作模式：需要数据硬拷贝移动到授信第三方；由于不同机构间的隐私保护政策的不同，给数据分享带来合规性挑战。

（2）联邦学习平台：满足数据使用合规性；保护各方隐私、打破数据孤岛；保护商业机密、可追溯；体现数据价值、实现数据有效性。

4. 数据要素新模式新方法不断创新

以数据沙箱为例，将调试环境和运行环境分离，数据分析师在调试环境中使用样本数据调试代码，然后将代码发送到运行环境中运行全量数据，从始至终数据分析师无法接触全量数据，从而达到保护数据隐私的目的。实现"数据不动程序动，数据可用不可见"，既确保原始数据不泄露，实现合法合规的数据开放，又充分发挥了数据的最大价值。

1.2　数据要素的价值原理

1.2.1　基本价值

根据 DIKW 模型，数据可以用于生产信息和知识，数据是对事实的记录和描述，蕴藏着现实世界的信息属性，是用于获得信息的原材料，这是数据的基本价值。通过数据这个"载体"，人类得以获得对世界的认知并了解世界的意义，这是从普遍意义上理解的数据要素的基本价值。

数据要素价值可以从微观和宏观两个层面理解。在微观层面，信息、知识和智慧既可以满足使用者的好奇心（即作为最终产品），更可以提高使用者的认知，帮助他们更好做出决策（即作为中间产品），最终效果都是提高他们的效用。数据对使用者效用的提高，就反映了数据价值。在宏观层面，信息、知识和智慧有助于提高全要素生产率，发挥乘数作用，这也是数据价值的体现。

1.2.2　应用价值分析

数据的应用价值更多体现在基于数据、信息和知识驱动的创新与决策上。随着计算机、软件、互联网、物联网、人工智能等信息技术加速在经济社会各个领域中的应用，企业的生产设计、制造、采购、物流、库存、销售、服务、管理、决策等各个环节甚至社会运行逐步走向数字化、网络化和智能化，为经济社会变革提供了新机制和新生产力。经济活动的各个环节都产生了海量的数据，这些数据被处理分析后生成与应用领域相关的各种信息和知识，有效解决了经济活动中的信息不对称问题，对多种生产要素的优化、替代和倍增效应明显，大幅提高了生产效率，降低了生产成本，同时衍生出了更多新产品、新业态，产生了巨大的经济价值。

1. 数据要素提高生产效率

数据要素能够显著提升全要素生产效率。信息技术的应用推动了实体经济各个环节的数据采集、计算和分析，使数据产品（信息和知识）作用于传统生产要素，实现了传统生产要素的数字化、网络化和智能化，成倍地提高了经济运行体系的整体生产效率，实现了乘数效应。例如，数字化的生产过程应用了自动化技术、信息技术等，实现了数据控制的机器自动化生产，相比手工生产，成倍地提高了单位时间的产量和质量。数字化生产实现了产业链上下游的数据共享，实现了面向用户的设计、面向订单的生产、面向制造的设计和企业资源规划等先进生产模式，大幅优化了资源配置和生产加工能力，使生产效率大幅提升。

2. 数据要素提高市场交易效率

由于经济活动中信息利用不充分，使信息的价值未充分体现，但是，信息的获取需要付出成本。因此，信息成为现代经济分析需要考虑的一个重要变量。数据分析获得信息和知识并将其应用于市场，能显著提高市场交易的效益。例如，电子商务交易就应用互联网和大数据分析等技术，实现了商品数据展示和客户行为数据分析，并且突破空间和时间的限制，汇集了各个地区 7×24 小时的购买需求，成倍地提高了单位时间的交易量，降低了搜寻成本，实现了精准的供需匹配。

3. 数据要素优化生产要素配置结构和效率

通过经营管理数字化、网络化和智能化的应用，利用人力资源管理系统（human resource manager，HRM）、资产管理系统（enterprise asset management，EAM）、财务管理系统（financial management，FM）、产品生命周期管理系统（product life-cycle management，PLM）、企业资源管理系统（enterprise resource planning，ERP）、供应链管理系统（supply chain management，SCM）、客户管理系统（customer relationship management，CRM）、研发管理系统（research and development，R&DM）、知识管理系统（knowledge management，KM）、商业智能系统（business intelligence，BI）、决策支持系统（decision support system，DSS）等，各类生产要素的信息和知识可以实时呈现，这能显著优化劳动、资本、技术等生产要素资源的配置结构，大幅提升生产要素资源配置的效率及管理和决策水平。例如，ERP 的应用让企业能够及时掌握生产要素资源配置，相对于传统管理方式，实现了库存减少 20%～30%、直接劳动生产效率提高 5%～10%、采购成本平均降低 5%等。

4. 数据要素减少其他生产要素的投入

数据分析能获得其他生产要素的信息或知识，减少传统生产要素为获得这些信息或知识所做的投入，部分替代其他生产要素的投入和功能，大幅节约生产和交通成本等。例如，自动化生产线及数字化管理对办公物资、人员和能量的替代效应明显，大幅节约了企业的生产成本。互联网能够提供即时的数据和信息，网络化业务减少了劳动者异地出差等现象，大幅降低了人力、交通和管理成本。经济合作与发展组织（Organization for Economic Co-operation and Development，OECD）的报告指出，各个行业在数据驱动下显著降低了运维成本，减少了环境和资源消耗。

5. 数据要素推动全要素的高效连接和融合

数据是经济活动数字化的产物，是对经济活动全过程、全要素的记录和描述，它既是生产要素，也蕴含着其他生产要素的意义。经济活动的效益是由劳动者、土地、资本、管理、技术、数据（信息和知识）等全要素协同作用的结果，要素之间的连接形成了经济价值网络。以数据为纽带，不断冲破行业信息不对称的壁垒，跨行业资源整合成本不断降低，行业不断跨界融合，衍生出平台经济、共享经济、零工经济等新的经济形态，数据在其中发挥着核心和纽带作用。

6. 数据要素促成新产品和新业态

数据要素与经济活动的深度融合能促进各类生产要素的融合创新，深刻改变生产方式与组织形态，催生新的业务模式，衍生"互联网+""大数据+""人工智能+"等信息服务新业态。按照克里斯坦森（Christensen）的颠覆性创新理论[①]，数据驱动的创新应该被视为"颠覆性创新"，因为它将通过改变或生成新产品、新流程、新的组织方法和新的市场来转变所有经济部门。例如，推动制造业、服务业、农业等行业进行数字化转型，通过网络提供生产性服务，向客户提供数据

---

① 颠覆性创新理论是由哈佛大学商学院的商业管理教授、创新大师——克莱顿·克里斯坦森（Clayton Christensen）总结提出的理论。

服务，而非直接售卖产品。

1.2.3 数据生产力价值

数据所引发的生产要素变革，重塑着我们的生产、需求、供应、消费乃至社会的组织运行方式。典型的数据改变就业的例子：时下热门的区块链工程技术人员、在线学习服务师、直播销售员等新职业，就是由数据催生而来的。数据支撑的新型智慧城市建设，正带动实现从"找政府办事"向"政府主动服务"的转变，成为撬动社会治理精细化、现代化的有力杠杆。因此，数据既是生产资料又是一种新的生产力。

数据生产力是在"数据+算力+算法"定义的世界里，知识创造者借助智能工具，基于能源、资源以及数据这一新生产要素，构建的一种认识、适应和改造自然的新能力。数据生产力意味着知识创造者的快速崛起，智能工具的广泛普及，数据要素成为核心要素。人类认识改造自然的方法，实现了从实验验证到模拟择优，经济发展从规模经济到范围经济，就业模式从八小时制到自由连接体，企业性质从技术密集到数据密集，组织形态从公司制到"数字经济体"，消费者主权全面崛起，人类实现了全球数亿人跨时空的精准高效协作。

数据生产力的本质是人类重新构建一套认识和改造世界的方法论，基于"数据+算力+算法"，通过在比特的世界中构建物质世界的运行框架和体系，在比特的汪洋中重构原子的运行轨道，推动生产力的变革从局部走向全局、从初级走向高级、从单机走向系统。这一变革推动劳动者成为知识创造者，将能量转换工具升级为智能工具，将生产要素从自然资源拓展到数据要素，实现资源优化配置从单点到多点、从静态到动态、从低级到高级的跃升。以知识创造者、智能工具和数据要素为核心的数据生产力时代正在开启。

1. 数据生产力的新技术基础：数据+算力+算法

"数据+算力+算法"构筑认识和改造世界的新模式，推动生产力核心要素升级、改造和重组。农业经济时代的劳动者以体力劳动为主，用手工工具在土地上进行耕作，创造社会财富；工业经济时代的劳动者由从事体力劳动和脑力劳动两部分组成，体力劳动占多数，主要是用能量驱动的工具进行社会化大生产，能源、矿产、资本成为最重要的生产资料；在数字经济时代，工业经济时代的劳动者转型为知识创造者，能量转换工具升级为智能工具，数据成为除能源、资源、资本等外的新生产要素。

信息通信技术牵引的新一轮工业革命推动了人类从开发自然资源向开发信息资源拓展，从解放人类体力向解放人类脑力跨越。其背后逻辑在于构建一套赛博空间（cyberspace）、物理空间（physical）、意识空间（human）的闭环赋能体系：物质世界运行—运行规律化—规律模型化—模型算法化—算法代码化—代码软件化—软件不断优化和改造物质世界。

2. 数据生产力的三要素

（1）新生产者：麻省理工学院的埃里克·布莱恩约弗森（Erik Brynjolfsson）等提出一个命题"什么是数字经济时代最稀缺的资源"。目前普遍认为，创新型人才是"第二次机器时代"最稀缺的资源，那些具有创新精神并创造出新产品、新服务或新商业模式的人才正成为市场的主要支配力量。

数据生产力本质是为了人的解放和全面发展。未来，生产力的大发展和物质的极大丰富将把我们带到一个新的社会，无人矿山、无人工厂、无人零售、无人驾驶、无人餐厅将无所不在，人类将不再为基本的衣食住行所困扰，越来越多的产业工人、脑力劳动者将成为知识创造者，人们将有更多的时间和精力满足自己的好奇心。

（2）新生产工具：数字经济时代，人类社会改造自然的工具也开始发生革命性的变化，其中最重要的标志是数字技术使劳动工具智能化。工业社会以能量转换为特征的工具逐渐被智能化的工具所驱动，形成了信息社会典型的生产工具——智能工具。智能工具是指具有对信息进行采集、传输、处理、执行能力的工具。传感器、通信、网络、软件、计算机及人工智能、集成电路、互联网、物联网、大数据、区块链等各类信息技术的重大突破，构建起信息采集、存储、传输、显示、处理全链条产业体系。它的重大意义在于，数字技术的发明替代并延伸了人类的感觉、神经、思维、效应器官，创造出了新的生产工具，即智能工具。

（3）新生产要素：在每一个社会形态中，核心资源将是每个社会形态中各种社会资源最集中的表现形式，经济社会活动主要围绕着核心资源或它的衍生物展开。

在数字经济时代，多数劳动者通过使用智能工具，进行物质和精神产品生产。对生产要素的认识，经历了一个逐步深化的过程，土地、劳动、资本、技术等都曾被认为是典型的生产要素。数字经济最重要的劳动资料是用"比特"来衡量的数字化信息。人类用以改造自然的生产工具、劳动对象以及包括我们人类本身都将被数字化的信息所武装，数据赋能的融合要素成为生产要素的核心，整个经济和社会运转被数字化的信息所支撑。在数字经济时代，对数字化信息的获取、占有、控制、分配和使用的能力成为一个国家经济发展水平和发展阶段的重要标志。

3. 数据生产力的本质

数据生产力的核心价值可以归结为"数据+算力+算法=服务"。数据生产力时代最本质的变化是实现了生产全流程、全产业链、全生命周期管理数据的可获取、可分析、可执行。数据的及时性、准确性和完整性不断提升，数据开发利用的深度和广度不断拓展。数据流、物流、资金流的协同水平和集成能力，以及数据流动的自动化水平，成为企业未来核心竞争力的来源。

4. 数据生产力数据要素价值的创新模式

一般来说基于数据生产力的数据和算法、模型结合起来创造的价值有价值倍增、资源优化、投入替代三种模式。

（1）价值倍增。

数据要素能够提高单一要素的生产效率，数据要素融入劳动、资本、技术等每个单一要素，单一要素的价值就会倍增。

（2）资源优化。

数据要素不仅带来了劳动、资本、技术等单一要素的倍增效应，更重要的是提高了劳动、资本、技术、土地这些传统要素之间的资源配置效率。数据不能直接生产面包、汽车、房子，但是数据可以间接地使面包、汽车和房子的生产具有更低成本、更高的效率和更高的质量，而且数据还可以提高公共服务的效率。数据要素推动传统生产要素革命性聚变与裂变，成为驱动经济持续增长的关键因素。这才是数据要素真正的价值所在。

（3）投入替代。

数据可以激活其他要素，提高产品、商业模式的创新能力，以及个体及组织的创新活力。数据要素可以用更少的物质资源创造更多的物质财富和服务，会对传统的生产要素产生替代效应。例如，移动支付替代传统 ATM 机和营业场所，中国至少减少了 1 万亿传统线下支付基础设施建设；电子商务减少了传统商业基础设施的大规模投入；政务"最多跑一次"减少了人力和资源消耗，数据要素用更少的投入创造了更高的价值。

1.2.4　数据价值释放的关注点

1. 关注点一：数据要素价值不能简单等同信息量

根据香农信息论和算法信息论所定义的信息量，数据所蕴含信息量越大，价值一般越大，例如，一份 100M 的文件的信息量大于 10M 文件的信息量。但也有些情况是数据容量越大，数据价值不一定越高，而是数据内容更重要，例如，1小时的视频监控数据，有价值数据可能仅有 1～2 秒。还有的情况是即使信息量相同，数据的使用价值可能也不一样。但对于不同的主体、应用场景和面临的问题，以及采用的处理技术不同，其所发挥的价值也可能完全不同。例如，同样一份数据，有人视若珍宝，有人当作垃圾，只是因为其中信息的使用价值完全不同。为了利用好数据的价值，我们需要全方位考察所拥有的数据，并针对不同的主体和应用场景开发数据的使用价值。

2. 关注点二：大数据的潜在价值

过去被用于分析和利用的数据只是数据海洋中非常小的一部分结构化数据，信息量有限。大数据的概念被提出来后，人们开始探索更多数据的潜在价值，特别是非结构化数据的价值，以此扩大信息量。例如，在电子商务中，以往被忽略的关于系统日志数据的分析和挖掘就对判断用户行为起到了非常关键的作用。

3. 关注点三：数据外部性价值

（1）数据对个人的价值称为私人价值，数据对社会的价值称为公共价值。数据如果具有非排他性或非竞争性，就会产生外部性，并造成私人价值与公共价值之间的差异。这种外部性可正可负，要根据实际数据进行判断。

（2）数据与数据结合的价值，可以不同于它们各自价值之和，是另一种外部性。但数据聚合是否增加价值，也要根据实际数据进行判断。一方面，可能存在规模报酬递增情形，例如，更多数据更好地揭示了隐含的规律和趋势，即产生"1 + 1 > 2"的效果；另一方面，可能存在规模报酬递减情形，例如，更多数据引入更多噪声，更多数据中存在大量重合，产生"1 + 1 < 2"的问题。

4. 关注点四：老数据在新领域的价值发挥

新数据具有新的信息和很好的应用价值，可以在不同的领域发挥价值。在一个领域已经发挥过价值的数据集被再次应用到新的领域，面对新的客体，这个信息量依然可能产生价值。这包括老数据在新领域的应用，以及老数据在老领域新用户中的应用，例如，微信支付的数据被用于疫区人员动态跟踪这一新领域，可以为阻断疫情提供有效信息。总之，对于某个用户而言，只要数据有新鲜感，这个信息量就能产生价值。

5. 关注点五：数据处理的主体、技术、场景和用户

数据价值的实现必须依赖数据处理主体采用的信息技术和方法。通过数据处理，数据被转换成信息和知识，在经过应用场景中的用户获取并采取行动后，数据才能真正产生价值。因此，数据价值的实现与以下因素密切相关。

（1）不同数据处理主体所采用的数据处理方法不同，从相同数据中提炼的信息或知识可能相差很大。例如，在经济学中，不同的经济学家对同样的经济数据经常做出完全不一样的解读。

（2）不同的应用场景和用户，从相同数据中提炼的信息和知识可能相差很大。数据可以被不同的人使用在不同的用途上，如同样是个人数据，有人用于精准营销、有人用于客户服务、有人用于行为监测；数据也可以被不同的人使用在不同的时间维度上，如有评估过去的、有分析当前的、有预测未来的。

数据转换成信息和知识的过程，需要大量处理数据的软硬件技术，这就为信息技术产业提供了广阔的市场空间，也衍生了信息技术生产和制造业态，即电子信息产业（或称为数字化产业）。而且，数据要素本身可以成为数字化商品，基于数据商品的生产和流通就能形成数据交易市场、发展数据产业和数据经济。电子信息产业的发展是数据对经济的一个重要价值贡献。

6. 关注点六：数据价值会随时间变化

因为数据有时效性，很多数据在经过一段时间后，因为不能很好反映观察对象的当前情况，价值会下降，这种现象称为数据折旧。数据折旧在金融市场中表现得非常明显。例如，一个新消息在刚发布时可以对证券价格产生很大影响，但等到证券价格反映这个消息后，它对金融投资的价值就急剧降到 0。在 DIKW 模型中，将数据提炼为信息、知识和智慧，并且提炼层次越高，就越能抵抗数据折旧。

此外，因为数据有期权价值，新机会和新技术会让已有数据产生新价值。在很多场合中，收集数据不仅是为了当下的需求，也有助于提升未来的福利。

7. 关注点七：不同制度和政策框架对数据价值的影响

数据价值内生于制度和政策，如不同国家对个人数据的保护程度不一，个人数据被收集和使用的情况以及产生的价值在国家之间有很大差异。我国的某些互联网平台基于用户行为数据推出了在线信贷产品，这在其他国家则不常见。互联网平台获得用户数据后，如果不恰当保护和使用，不尊重用户隐私，将会影响其品牌形象和用户信任，对数据价值和公司价值都会带来负面影响。例如，2020 年 4 月，美国联邦法院批准 Facebook 与美国联邦贸易委员会就剑桥分析丑闻的 50 亿美元和解协议。

1.2.5　数据价值的计量方法

尽管数据具有价值，但数据的估值比较难，目前还没有公认的好方法。在行业实践中主要有绝对估值和相对估值两大类方法，但都有一定的局限性。

1. 数据的绝对估值方法

（1）成本法，是一种将收集、存储和分析数据的成本作为数据估值基准的方法。这些成本有软件和硬件方面的，也有知识产权和人力资源方面的，还有因安全事件、敏感信息丢失或名誉损失而造成的或有成本。数据收集和分析一般具有高固定成本、低边际成本特征，从而有规模效应。成本法尽管便于实施，但很难考虑同样数据对不同人、在不同时间点以及与其他数据组合时的价值差异。另外，一些数据为企业生产经营的附加产物，获取成本通常难以从业务成本中划分出来而难以可靠计量。显然，数据价值不一定高于成本，说明不是所有数据都值得收集、存储和分析。

（2）收入法，是一种通过评估数据的社会和经济影响，预测由此产生的未来现金流，再将未来现金流折现到当前的方法。收入法在逻辑上类似公司估值中的折现现金流法，能考虑数据价值的三个关键特征，在理论上比较完善，但实施中则面临很多障碍：一是对数据的社会和经济影响建模难度很大；二是数据的期权价值如何评估。实物期权估值法是一个可选方法，但并不完美。

（3）市场法，是一种以数据的市场价格为基准，评估不在市场上的数据的价值方法。市场法类似股票市场的市盈率和市净率估值方法，其不足在于很多数据是非排他性的或非竞争性的，很难参与市场交易。目前，数据要素市场有一些尝试，但市场厚度和流动性都不够，价格发现功能不健全。另外，一些公司兼并收购价格中包含了对数据的估值，但不易分离出来。

（4）问卷测试法，是一种通过问卷调查测试来评估数据价值的方法。该方法主要针对个人数据，通过问卷测试个人愿意收多少钱以出让自己的数据，或愿意花多少钱保护自己的数据，从而评估个人数据的价值。这个方法应用面非常窄，实施成本较高。

2. 数据的相对估值方法

数据的相对估值方法是通过给定一组数据以及一个共同的任务，评估每组数据对完成该任务的贡献，从而得出数据价值。该方法与绝对估值相比，更具有可操作性，特别针对定量的数据分析任务尤为适用。

（1）基于统计的分析方法。该方法需要对数据进行分组，常见数据分组方法包括：一是变量/字段一样，但属于不同的观察样本；二是同样的观察样本，但变量/字段不同。对常见预测性任务和描述性任务，统计学和数据科学建立了量化评估指标。例如，对预测任务，需做样本外检验，评估预测误差。在预测变量是离散型时，常用准确率、错误率以及操作特征（receiver operating characteristic，ROC）曲线下方面积等指标。在预测变量是连续型时，常用标准误差。对描述任务，需用样本数据评估模型拟合效果，线性模型一般用 R 平方[①]，非线性模型一般用似然函数。

（2）基于指标的分析方法。该方法首先定义数据集合及其元素，以及拟完成的任务；然后选择完成任务所使用的模型及评估指标，对数据集合中元素形成的每一个数据子集，运行模型并获得评估结果；最后计算每个元素对完成任务的贡献，从而得出评估值。该方法的主要不足是，随着数据集合的元素数量上升，计算量将呈指数上升。主要优点是符合直觉、容易计算，而且有经济学的长期研究基础。

数据的相对估值方法说明，同一数据在用于不同任务，使用不同分析方法或与不同数据组合时，体现出的价值是不同的。特别是，偏离数据集合"主流"的数据，在相对估值上可能比靠近数据集合"主流"的数据高，这显示了"异常值"的价值。

---

① R 平方（R-squared）是一种在经济学领域用来反映业绩基准的变动对基金表现影响的方法，R 平方值越低，由业绩基准变动导致的基金业绩的变动便越少，R 平方值越高，变动就越多。

1.2.6 市场地位和价值

1. 数据要素的市场地位

数据作为一种生产性投入方式，可以大大提高生产效率，是新时期我国经济增长的重要源泉之一。同时数据是企业和社会所关注的重要战略资源，可以带来科学理论的突破和技术进步，从而大大提高劳动生产率，创造更多价值。以数据驱动为核心的数字经济不仅改变了经济增长结构，而且提升了经济增长质量，对科技创新、全要素生产率的提高具有重要意义。

（1）数据要素降低了经济运行成本。数字要素市场可以通过降低搜寻成本、复制成本、交通运输成本等降低经济活动成本。数字要素市场有助于消费者更容易购买到符合自身偏好的商品，可以降低消费者搜寻成本。虽然数据生产的固定成本很高，但数字复制成本几乎可以忽略不计，可以大大降低复制成本。数字经济大幅度拉近商品供需双方的距离，重塑本来受距离约束的经济活动，大大节约了交通运输成本。

（2）数据要素提高了经济运行效率。数据要素可以依托数字技术，从国民经济运行到自然资源利用，从宏观经济运行到微观企业管理，一切信息皆通过数字化技术，以数据形式实时传输与处理，从而大大提升经济运行效率。

（3）数据要素推动了产业转型升级。在数字技术不断革新的基础上，通过数字技术与传统产业的深度融合，促进企业在精准营销、个性定制、智能制造等方面的创新能力不断被激发，引起产业在生产模式、组织形态和价值分配领域发生全面变革，不断提升产业链和价值链，从而实现产业结构转型升级。

（4）数据要素提升了政府治理效能。以新一代信息技术为支撑，重塑政府信息化技术框架，构建大数据驱动的政府服务平台，政府部门通过数据平台履行公共服务、共享信息、舆情管理等职责，公共事件的事前预警、事中反应和事后处置等各个环节，均由数据和数据智能来提供高效服务，从而不断提升政府治理效能。

2. 数据要素的市场价值属性

数据作为生产要素参与分配体现出以下三个方面的内涵。

（1）应该将数据作为一种物化劳动，强调其创造剩余价值的作用，将数据要素和劳动者的劳动力相结合所形成的生产力作为创造相对剩余价值和超额剩余价值的重要源泉，数据必须和劳动者相结合，进入劳动过程，才能把本身的价值转移到新产品中。

（2）数据资产具有价值和数据资产创造价值，数据知识在生产运用过程中，就是技术型劳动的实践过程。应该将数据作为活劳动创造价值参与分配，数据要素按贡献参与分配实质上是一种按劳分配。

（3）数据作为生产要素参与分配是因为数据是企业和社会所关注的重要战略资源，并可以带来科学理论的突破和技术进步，从而大大提高劳动生产率，创造更多价值。

3. 数据要素的分配机制

数据作为生产要素参与分配是社会分配格局进一步完善的充分体现，有利于健全我国再分配调节机制，规范收入分配秩序。

（1）引入数据作为生产要素参与分配，可以进一步激发数据这一要素参与生产活动，加快经济发展速度。从根本上而言，大力发展生产力是推动收入分配体制改革、实现社会主义分配公平的基础。因此，在提升市场效率的同时，可以进一步提高居民收入水平，尤其是一些拥有较高数据禀赋的个体和企业。

（2）数据作为生产要素参与分配还可以进一步推动大数据发展和应用，鼓励产业创新发展，推动大数据与科研创新的有机结合，推进基础研究和核心技术攻关，形成大数据产业体系，完善大数据产业链，使得大数据更好服务国家发展战略。

1.2.7　数据要素的价值链

1. 数据要素市场组成架构

国家工业信息安全发展研究中心发布的《中国数据要素市场发展报告（2020—2021）》从产业链的角度出发，将数据要素市场归结为数据采集、数据存储、数据加工、数据流通、数据分析、数据应用、生态保障七大模块，覆盖数据要素从产生到发生要素作用的全过程。其中，数据采集、数据存储、数据加工、数据流通、数据分析、生态保障六大模块，主要是数据作为劳动对象，被挖掘出价值和使用价值的阶段。而数据应用模块，主要是数据作为劳动工具，发挥带动作用的阶段。数据要素市场组成架构如图 1-3 所示。

2. 数据要素市场价值链体系

近年来，随着数字经济快速发展，数据开发利用正从资源化利用阶段逐步转向市场化配置阶段，资源化利用阶段主要靠政府推动，其效果是政府的治理能力、民生服务水平、经济发展质量均得到提升。数据要素市场化配置阶段的特点主要是数据资源由市场进行配置，其效果则是全社会的效率、安全和财富的倍增。当前，数据要素市场化存在的困境是市场化配置的体制机制还不够完善，主要体现在五个方面：数据有效供给不足、数据要素市场缺位、技术体系尚不完善、法制体系亟待健全，以及制度体系相对滞后。为破解数据要素化难题，需要深入研究土地、劳动力、资本、技术、数据等要素的市场规律，中国电子信息产业集团副总经理陆志鹏提出了建立包括"一库双链三级市场"的数据要素市场化解决思路，如图 1-4 所示。建设一个全自主、高安全的数据金库作为底层运行支撑，打通数据资产链和数据价值链"双链循环",同步催生数据资源、数据元件和数据产品三级市场,推动数据要素安全流通和高效配置,实现数据"资源化、资产化、资本化"的三次"蝶变",促进社会经济全面发展。

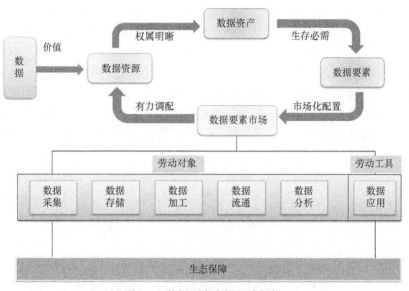

图 1-3　数据要素市场组成架构

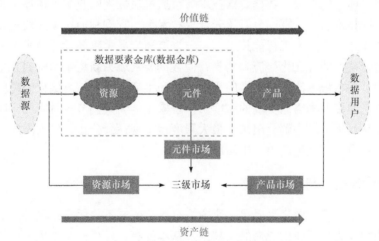

图 1-4　数据要素市场价值链体系

从数据供给侧看,数据具备分散、海量的特性;从数据需求侧看,需求具备多样、海量的特点。因此,打通供需两侧,需要一个"中间态",将其称之为"数据元件",实现从资源到终端产品的转换。所谓"数据元件"是指通过对数据脱敏处理后,根据需要由若干字段形成的数据集或由数据的关联字段通过建模形成的数据特征。"数据元件"的主要特点是可控制、可计量、可定价,有效地解决了从原始数据到终端应用的中间过渡问题。

并非所有的数据都可以公开,不公开的数据往往是高价值、高敏感的数据。因此,需将这类不能公开但非常重要的数据存储在数据金库里,确保其安全性。例如,通过完全采用国产化的服务器、操作系统等基础设施,并采用内网和外网进行物理隔离。接下来,将数据金库里的数据加工成数据元件,再通过数据元件对数据产品进行赋能,以此实现数据的资产链和价值链深度融合。

在这三级市场中,第一级市场是数据资源市场,第二级市场是数据元件市场,第三级市场是数据产品市场。市场一旦形成清晰分类,市场的活力就被激发出来了。如果直接推动数据资源到数据应用,市场将会比较混乱,层级、主体都不够清晰。当通过对数据进行二次赋能,先把数据资源的价值、能量赋能给数据元件,通过数据元件赋能给数据产品,将极大推动数据在经济社会中的广泛应用。

1.3　数据要素的支撑技术

当前,以数据要素为代表的新生产力形成的根本标志是大数据、移动互联网、物联网、云计算、区块链、人工智能等新一代信息技术日益融合、相辅相成的数据要素技术体系的形成。数据要素技术体系通过对数据的收集和传递(移动互联网和物联网技术)、计算和分析(云计算技术)、管理和使用(区块链技术)、大数据的落地应用(人工智能技术)、数据流通交易(隐私计算技术)等,实现数据要素普遍性的社会化交流和共享,使数据要素成为新型生产资料并形成数据新生产力,正在根本改变着人类的生产方式和生活方式,使直接社会化的生产向纵深推进,使借助网络而实现的深度协作普遍化,为人们节省时间和空间,使人们普遍地从烦琐劳动中解放出来,最大限度地实现社会公正,最大限度地实现人的解放和自由,推动生产力发生质的飞跃。

1.3.1　网络技术与数据采集

数据要素构筑的网络世界是一个虚拟世界,但它不是凭空存在的,而是以一系列物质载体为依托建构起来的,其中最基本的有:计算机(主机)系统、网络连接设备系统和传输介质系统等。计算机(主机)系统的功能是输入、存储信息并对信息进行加工处理。传输介质系统指数据信息发送和接收的物理通路。对大数据来说,具有重大意义的技术突破当属移动通信技术与互联网相结合而产生的移动互联网和物联网技术。

2013 年前后,具有更强功能的 4G 技术出现并普及应用,智能手机与 4G 网络相融合，使人类普遍进入移动互联网时代。手机上网对大数据的真正形成具有关键意义，因为手机携带方便且被人们普遍使用，这就摆脱了传统互联网只能在与有线网络连接的电脑上才能上网的局限，手机上网随时随地，人们可以随时随地收集数据、传递信息。同时，无线通信技术、移动互联网技术又直接推动了物联网的发展。物联网是利用智能传感器、射频识别、二维码、激光扫描器等技术，将带有传感器的芯片装在物体上，连接到网络，以实现对产品生产、流通过程的识别和管理。移动互联网、物联网不断实现物与物、人与物、人与人之间的广泛互联，使创造数据的主角不仅是每个人，而且还有无处不在的物联设备，从而为海量数据的收集、处理和传递提供了真正的平台。近年来，5G 网络的普及应用又极大地促进了大数据的形成和应用。5G 具有大带宽、广连接、高可靠、低时延等特点，其极高的数据传输速度和极强的数据计算处理能力在云计算、区块链、AI 等新技术加持之下，极大地提高了工作效率和生产能力。

1.3.2　云计算技术与数据分析

物联网、移动互联网分秒不停地产生海量数据，这些纷繁复杂的数据如何才能变成有价值的信息？这是信息技术至关重要的问题。正如舍恩伯格在《大数据时代》一书中指出的："数据价值的关键是看似无限的再利用，即它的潜在价值。收集信息固然至关重要，但还远远不够，因为大部分的数据价值在于它的使用，而不是占有本身。"数据的真正价值不在于拥有，而在于使用。所谓使用，就是通过对海量数据的统计、计算、分析、整合等获得有价值的新信息，这个工作是由云计算技术来完成的，人脑是无法胜任的。

云计算技术源自超大规模分布式计算，它融合了虚拟化技术、海量数据存储和管理、分析技术等，将计算任务分布在大量计算机构成的资源池上，并通过移动互联网将计算结果以服务的方式提供给用户使用，并按流量计费。由此，计算成为一种服务能力，云计算成为一种公共服务。云计算技术为挖掘数据背后的价值提供了平台，海量数据可以根据人们的需要变成有价值信息，这使得人们的想象力不受限制、创造力空前提高，使数据"沙子"变成财富的"金矿"，所以有人把云计算比喻为互联网中枢神经系统萌芽。如今云计算与 5G 网络、区块链等相融合，极大地激发了人们的创造力和创作热情，极大地降低了企业和个人的数据应用成本，提高了效率，使数据变成真正的财富。

1.3.3　区块链技术与数据管理

移动网络收集的海量数据经云计算分析形成有价值的信息，但数据还面临着隐私数据如何保护、数据信任如何建立、信息壁垒如何打破、数据应用障碍如何解除等数据管理方面的问题。这些问题由迅速发展起来的区块链技术来解决。区块链是管理网络数据的新技术，2008 年诞生于比特币的发明和应用中，2016 年被称为"区块链元年"，不断成熟的区块链技术与移动互联网、物联网、云计算技术融合，成为实现价值互联的底层支撑技术，开始广泛应用于各行各业。

　　区块链的基本思想就是创造一个去中心化（即多中心）的"分布式"共享账本，每一个账本就是一个区块（节点），每个区块（节点）上都记录着曾经发生的且经过系统一致认可的交易。区块链采用密码学散列算法（Hash），能将任意长度的数据文件转换成一个唯一对应的散列值，且该算法不可逆。由此，只要源文件有变动，即使是很微小变动，散列值就会改变，就会被其他区块（节点）识别出来并强行恢复原数据。这就决定了区块链上的数据具有唯一性和不可篡改性，这是区块链最重要的特点。同时，由于数据被各个区块（节点）分布式、多中心记录，从数据采集到交易再到计算和分析等整个过程及区块产生精确到秒的时间戳等都被每个区块（节点）记录，因而区块链具有去中心化、公开透明、全程可追溯等特点，正如有学者指出："区块链的记录方式是分布式的，也就是全网透明的，那么基于区块链技术的数据交易的记录也就是安全透明的。"

　　区块链的上述特点使区块链技术在解决数据隐私保护、数据确权、交易信任等问题上显示出强大功能。数据需要交流、共享才会产生价值，但是由于数据具有可复制性等特点，在数据交易中容易发生所有权交接不清楚、隐私泄露等问题，导致交易双方互不信任，从而阻碍数据的交流和共享。区块链数据具有全程公开透明性、唯一性、不可篡改性和不可复制性等特点，就可以保证数据所有者的权益不受损害，数据交易公正公平，为数据建立一个规范化的信任体系。如今区块链与 5G 网络、云计算等相互融合，广泛应用于金融等各个领域中，实时记录数据交易信息，跟踪数据资源的全部变化，极大提高数据清算效率，极大降低数据造假可能性，从而促进数据交易的积极性。在区块链技术加持下，大数据技术体系不断突破各大公司及社会各界、各行各业之间的数据壁垒，完成数据横向流通，促进数据交流和共享，提高生产能力。

1.3.4　人工智能技术与数据应用

　　"人工智能"即"智能机器"类似于马克思所说的"工具机"或"工作机"。人工智能是随着电子计算机技术的发展而出现的，但是一直发展较慢，这主要是由于相关技术还不成熟，特别是缺乏标注数据支持。近 10 年来，随着大数据、移动互联网、物联网、云计算、区块链等技术的成熟，人工智能开始突飞猛进。首先，人工智能与物联网融合为一体，传感器等设备就像人的眼耳鼻舌及皮肤，是采集数据的关键性设备，并把模拟信号转换成数字信号，交给计算机进行处理，从而使世界万物都可以连到互联网上。其次，人工智能与云计算融合为一体，其核心要素包括算力、算法和数据。数据是人工智能的基础,数据越多,智能化程度越高;而算法模型和计算能力则是对海量数据进行处理、应用的技术,是人工智能的动力机。最后,现代人工智能具有学习能力,并日益向无监督学习方向发展,使机器更具有智能。

由此,被处理的有价值的数据通过智能机器应用到实际问题的解决中,数据要素最终变成改变世界的现实力量。人工智能最大的价值在于通过对数据的处理和应用来给实体赋能。例如,生产中的智能操作机、智能灌溉设备,生活中的人脸识别、交通监测等智能机器,借助无处不在的传感器、嵌入式终端系统、智能控制系统等形成的智能网络,使生产设备、工作部件、工艺、材料、工作场景等物物相连,彼此感知,并基于海量数据、通过超强算力,自动控制劳动过程,自检测、自校正、自适应、自组织。由此,研发设计、生产制造、组织调度、材料供应、质量检测、运行维护等劳动的各个环节由数据互联网连接为一体,由人工智能自动完成,"要靠人的劳动来完成的个别过程"越来越少,生产自动化日益完善,生产效率日益提高。

1.3.5 隐私计算技术与数据流通

传统的公开数据搜集、原始数据共享等都是广义上的数据融合方式,但这些传统融合方式在应用场景、隐私保护等方面存在一定的局限性。传统的信息共享的方法是基于明文数据,而明文数据一旦被看见就会泄露具体信息,难以限制其用途和用量,难以厘清"责、权、利",这导致了明文数据难以通过供需关系定价,难以大规模市场流通。与传统数据使用方式相比,隐私计算的加密机制能够增强对于数据的保护、降低数据泄露风险。因此,包括欧盟在内的部分国家和地区将其视为"数据最小化"的一种实现方式。同时,传统数据安全手段,如数据脱敏或匿名化处理,都要以牺牲部分数据维度为代价,导致数据信息无法有效被利用,而隐私计算则提供了另一种解决思路,保证在安全的前提下尽可能使数据价值最大化。

隐私计算是指在保护数据本身不对外泄露的前提下实现数据分析计算的技术集合,达到对数据"可用、不可见"的目的,在充分保护数据和隐私安全的前提下,实现数据价值的转化和释放。隐私计算是面向隐私信息全生命周期保护的计算理论和方法,是隐私信息的所有权、管理权和使用权分离时隐私度量、隐私泄漏代价、隐私保护与隐私分析复杂性的可计算模型与公理化系统。具体来说,隐私计算是指在处理视频、音频、图像、图形、文字、数值、泛在网络行为性信息流等信息时,对所涉及的隐私信息进行描述、度量、评价和融合等操作,形成一套符号化、公式化且具有量化评价标准的隐私计算理论、算法及应用技术,支持多系统融合的隐私信息保护。隐私计算涵盖了信息搜集者、发布者和使用者在信息产生、感知、发布、传播、存储、处理、使用、销毁等全生命周期过程的所有计算操作，并包含支持海量用户、高并发、高效能隐私保护的系统设计理论与架构。

目前，依托多方安全计算、联邦学习等隐私计算技术，探索实现"数据可用不可见，数据不动价值动"的数据流通交易新范式，成为数据融合创新的新途径、新方向。国内示范场景已包含授信风控、产品营销、移动支付人脸识别、跨境结算、反洗钱等。这些场景应用在隐私计算框架下，保证参与方的数据不出本地，在保护数据安全的同时实现多源数据跨域合作，破解了数据保护与融合应用难题。

总之，当前以数据要素驱动为代表的新生产力表现为近十几年来移动互联网、物联网、云计算、区块链、人工智能、隐私计算等新技术日益融合而成的数据要素技术体系，其核心内容是海量数据的收集、传递、分析、管理和应用。数据要素技术体系一方面消除信息孤岛，实现数据收集、传递、分析、管理和应用的直接社会化；另一方面消除信息特权，实现数据要素收集、传递、分析、管理和应用的去中心化，从而推动生产力发生质的飞跃。

第2章 数据要素管理

2.1 数 据 治 理

2.1.1 数据治理概述

随着国家大数据战略的深入实施，我国大数据资源不断丰富，数据被明确为新型生产要素，产业链条不断完善，融合创新应用不断涌现，各个行业愈加重视推进数字化转型，数字化、网络化和智慧化融合发展正成为时代特征。但同时应该看到，大数据产业的发展还面临不少挑战。在此背景下，数据有了新的历史使命，数字资源的资产性质和生产要素角色日益凸显。构建合理的数据治理体系避免数据治理的碎片化是提升优化各行业数据能力、充分挖掘数据资源价值、打造数据驱动发展新引擎、推动数字经济发展和数字中国建设的重要前提和保障。

数据治理是长期、复杂的工程，涉及组织体系、标准体系、流程体系、技术体系和评价体系五方面的工作领域，包含了数据标准、数据质量、主数据、元数据、数据安全等多个方面内容。由于主体性质、业务特点、管理模式的不同，有必要建立符合主体现状和需求的数据治理框架，指导企业数据治理工作的开展。

数据治理包括数据治理的工具和技术，总体应包括元数据管理、数据标准管理、主数据管理、数据安全管理和数据质量管理。数据治理体系如图 2-1 所示。

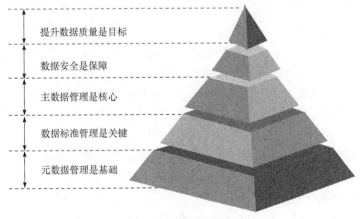

图 2-1 数据治理体系

2.1.2　数据治理的价值

组织只有建立了完整的数据要素治理体系，保证数据的质量，才能够真正有效地挖掘内部的数据价值，对外提高竞争力。

1. 高质量数据是业务创新、管理决策的基础

随着互联网企业对其他各行业的冲击，加剧了市场的竞争，许多企业面临收入增速放缓、利润空间逐步缩小的局面，过去单纯的外延式增长已经难以为继。因此，必须向外延与内涵相结合的增长方式转变，未来效益的提升很大程度上要依靠内部挖潜实现，这从客观上对创新能力提出了更高的要求。而提升内部数据管理的精细化水平，是开展业务创新和管理决策的重要基础，能够创造巨大效益。

2. 标准规范的数据是优化商业模式、指导生产经营的前提

许多 IT 系统经历了数据量高速膨胀的时期，这些海量的、分散在不同角落的数据导致了数据资源利用的复杂性和管理的高难度，形成了一个个系统"竖井"。系统之间的关系、标准化数据从哪里获取都无从知晓。通过数据治理工作，可以对分散在各系统中的数据提供一套统一的数据命名、数据定义、数据类型、赋值规则等的定义基准，通过数据标准化可以防止数据的混乱使用，确保数据的正确性及质量，并可以优化商业模式，指导生产经营工作。

3. 多维、全面的数据是开展市场营销、争夺客户资源的关键

数据已成为企业最核心的隐形财富，谁掌握了准确的数据谁就能获得先机，在当前竞争日益激烈的市场上，如何在不同的细分市场构建客户画像、开展精准营销，如何选择竞争策略、进行经营管理决策，都必须基于 360 度全方位、准确的客户数据加以分析判断才能得出。

2.1.3　数据治理标准化

1. 数据标准体系

数据标准体系是为实现大数据领域标准化而形成的体系。标准体系的建立应具有先进性，在应用系统科学理论和方法的基础上，运用标准化的工作原理，着眼于寻找整套的标准内容。基于这些内容，在标准体系的内在联系上进行统一、简化、协调和优化等处理，力求体现出系统内标准的最佳秩序，防止在标准之间存在不配套、不协调、互相矛盾及组成不合理等问题。随着大数据的发展，标准化的内容越来越广，标准化的对象也越来越复杂，数据领域标准之间都存在着相互依存、相互衔接、相互补充、相互制约的内在联系，最终形成科学的有机整体。

《大数据标准化白皮书（2020 版）》中提出了最新的大数据标准体系框架，由 7 个类别组成，分别为：基础标准、数据标准、技术标准、平台/工具标准、治理与管理标准、安全和隐私标准、行业应用标准。

（1）基础标准。为数据其他部分的标准制定提供基础遵循，支撑行业间对数据达成统一理解，主要包括术语、参考架构类标准。

（2）数据标准。主要针对底层数据相关要素进行规范，包括数据资源和交换共享两类。其中，数据资源标准面向数据本身进行规范，包括数据元素、元数据、参考数据、主数据、数据模型等标准；交换共享标准面向数据流通相关技术、架构及应用进行规范，包括数据交易和开放共享标准。

（3）技术标准。主要针对大数据通用技术进行规范。包括大数据集描述、大数据生存周期处理技术、大数据开放与互操作技术、面向领域的大数据技术四类。其中，大数据集描述标准主要针对多样化、差异化、异构异质的不同类型的数据建立标准的度量方法，以衡量数据质量；大数据生存周期处理技术标准主要针对数据产生到其使用终止这一过程的关键技术进行标准制定，包括数据采集、数据预处理、数据存储、数据分析、数据可视化、数据访问等标准；大数据开放与互操作技术标准主要针对不同功能层次功能系统之间的互联与互操作机制、不同技术架构系统之间的互操作机制、同质系统之间的互操作机制等相关标准以及通用数据开放共享技术框架等标准进行研制；面向领域的大数据技术标准主要针对电力行业、医疗行业、电子政务等领域或行业的共性及专用的大数据技术标准进行研制。

（4）平台/工具标准。主要针对数据相关平台及工具产品进行规范，包括大数据系统产品和数据库产品。其中，大数据系统产品标准主要针对业内主流的用于实现数据全生存周期处理的大数据产品的功能和性能进行规范；数据库产品标准则主要面向不同类型的数据库的功能和性能进行要求。此外，该类标准还包括相关产品功能及性能的测试方法和要求。

（5）治理与管理标准。治理与管理标准贯穿于数据生存周期的各个阶段，是数据实现高效采集、分析、应用、服务的重要支撑。该类标准主要包括治理标准、管理标准和评估标准三部分。其中，治理标准主要对数据治理的规划和具体实施方法进行标准研制；管理标准则主要面向数据管理模型、元数据管理、主数据管理、数据质量管理、数据目录管理，以及数据资产管理等理论方法和管理工具进行规范；评估标准则在治理标准和管理标准的基础之上，总结形成针对数据管理能力、数据服务能力、数据治理成效、数据资产价值的评估方法。

（6）安全和隐私标准。安全和隐私标准贯穿于整个数据生存周期的各个阶段，主要包括应用安全、数据安全、服务安全、平台和技术安全四部分。其中，应用安全主要对数据与其他领域整合应用中存在的安全问题进行规范；数据安全主要围绕个人信息安全、重要数据安全以及跨境数据安全标准进行研制，保障数据主体所拥有的数据不被侵害；服务安全主要包括数据安全治理、服务安全和交换共享安全，面向数据产品和解决方案的安全性进行要求；平台和技术安全则针对大数据平台，以及以大数据平台为底座的应用平台的系统安全、接口安全、技术安全进行标准研制。

（7）行业应用标准。行业应用标准主要面向通用领域应用以及工业、政务、电力、生态环境等垂直行业领域应用开展标准研制。通用领域应用标准主要从数据在通用领域中所能提供的共性服务出发，开展应用方法、能力评估等标准研制；垂直行业领域应用标准主要从数据为各个垂直行业所能提供的服务角度出发，是各领域根据其领域特性产生的专用数据标准，包括工业大数据、政务大数据、电力大数据、生态环境大数据等领域应用标准。

2. 数据标准组织实施

（1）组织。数据治理项目的实施绝非是一个部门的事情，不能在单一部门得到解决。需要从整个组织考虑，建立专业的数据治理组织体系，进行数据资产的确权，明确相应的治理制度和标准，培养整个组织的数据治理意识。这需要 IT 与业务部门进行协作，而且必须始终如一地进行协作，以改善数据的可靠性和质量，从而为关键业务和管理决策提供支持，并确保遵守法规。

（2）规范。数据治理的标准体系是多个层面的，包括国际标准、国家标准、行业标准、企业标准等。数据标准体系内容应涵盖：元数据标准、主数据标准、参照数据标准、数据指标标准等。数据治理的成效，很大程度上取决于数据标准的合理性和统一实施的程度。数据标准体系的建设应既满足当前的实际需求，又能着眼未来与国家及国际的标准接轨。

（3）流程。数据治理流程体系，为数据治理的开展提供有据可依的管理办法、规定数据治理的业务流程、数据治理的认责体系、人员角色和岗位职责、数据治理的支持环境和颁布数据治理的规章制度、流程等。建立数据的生产、流转、使用、归档、消除的整个生命周期管理的过程。企业应围绕数据治理的对象：数据质量、数据标准、主数据、元数据、数据安全等内容建立相应的制度和流程。

（4）评价。建立数据评价与考核体系是企业贯彻和实施数据治理相关标准、制度和流程的保障。建立明确的考核制度，实际操作中可根据不同企业的具体情况和企业未来发展要求建立数据的认责体系，设置考核指标和考核办法，并与个人绩效挂钩。考核指标包括两个方面内容，一方面是对数据的生产、管理和应用等过程的评估和考核指标，另一方面是数据质量的评测指标。

2.2　数据资产管理

2.2.1　概述

1. 数据资产

数据资产（data asset）[①]是指由组织（政府机构、企事业单位等）合法拥有或控制的数据资源，以电子或其他方式记录，如文本、图像、语音、视频、网页、数据库、传感信号等结构化或非结构化数据，可进行计量或交易，能直接或间接带来经济效益和社会效益。在组织中，并非所有的数据都构成数据资产，数据资产是能够为组织产生价值的数据资源，数据资产的形成需要对数据资源进行主动管理并形成有效控制。

2. 数据资产权属

数据权属主要是讨论数据属于谁的问题，数据权益讨论数据收益的分配问题。确定数据资产权属和权益分配有利于提高市场主体参与资产交易的积极性，降低资产流通的合规风险，推动数据要素市场化进程。目前，数据资产的权属确认问题对于全球而言仍是巨大挑战，各国现行全国性法律尚未对数据确权进行立法规制，普遍采取法院个案处理的方式，借助包括隐私保护法、知识产权法及合同法等不同的法律机制进行判断。

定义数据主体的权益一定程度上可以缓解由于数据资产难确权带来的困境。我国通过明确了自然人、法人和非法人组织的数据权益，保障了包括自然人在内各参与方的财产收益，起到了鼓励企业在合法合规的前提下参与数据资产流通的作用。2021 年 7 月，深圳市发布了《深圳经济特区数据条例》，广东省发布了《广东省数字经济促进条例》。上海市于 2021 年 11 月发布了《上海市数据条例》，规定了自然人、法人和非法人组织对其以合法方式获取的数据，以及合法处理数据形成的数据产品和服务依法享有相关权益。

3. 数据资产管理

数据资产管理（data asset management）是指对数据资产进行规划、控制和提供的一组活动职能，包括开发、执行和监督有关数据的计划、政策、方案、项目、流程、方法和程序，从而控制、保护、交付和提高数据资产的价值。数据资产管理须充分融合政策、管理、业务、技术和服务，确保数据资产保值增值。

数据资产管理包含数据资源化、数据资产化两个环节，将原始数据转变为数据资源、数据资产，逐步提高数据的价值密度，为数据要素化奠定基础。数据资

[①] 见中国信息通信研究院于 2021 年 12 月发布的《数据资产管理实践白皮书》。

产管理架构如图 2-2 所示。

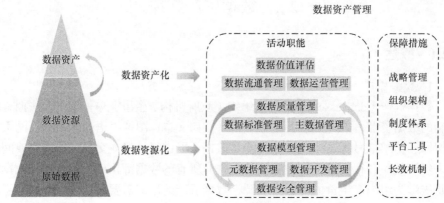

图 2-2　数据资产管理架构

数据资源化是通过将原始数据转变为数据资源,使数据具备一定的潜在价值,是数据资产化的必要前提;数据资产化通过将数据资源转变为数据资产,使数据资源的潜在价值得以充分释放。

2.2.2　问题和挑战

当前,数据资产管理仍然面临一系列的问题和挑战,涉及数据资产管理的理念、效率、技术、安全等方面,阻碍了组织数据资产能力的持续提升,主要问题和挑战如图 2-3 所示。

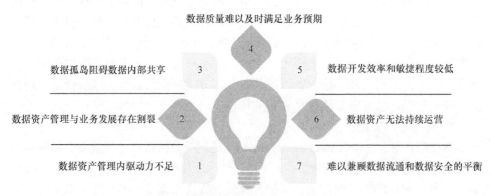

图 2-3　数据资产管理的主要问题和挑战

（1）数据资产管理内驱动力不足。

对于多数组织而言,主要面临数据资产管理价值不明显、数据资产管理路径不清晰等问题,一些管理层尚未达成数据战略共识,短时期内数据资产管理投入产出比较低,导致组织开展数据资产管理内驱动力不足。

（2）数据资产管理与业务发展存在割裂。

很多组织的数据资产管理工作与实际业务存在"脱节"情况。战略层面不一致，多数组织尽管具备一定的数据资产管理意识，但是并未在组织发展规划中明确数据资产管理如何与业务结合。数据资产管理团队与业务团队缺乏有效的协同机制，使数据资产管理团队不清楚业务的数据需求，业务团队不知道如何参与数据资产管理工作。

（3）数据孤岛阻碍数据内部共享。

由于信息化各阶段的数据系统分散建设，数据能力分散培养，缺乏体系化管理数据资产的意识，缺少统一的数据资产管理平台与团队，使得数据孤岛发展为普遍问题，并进一步成为组织全面开启数字化转型、构建业务技术协同机制的"绊脚石"。

（4）数据质量难以及时满足业务预期。

数据资产管理的核心目标之一是提升数据质量，以提高数据决策的准确性。但是，目前多数组织面临数据质量不达预期、质量提升缓慢的问题。

（5）数据开发效率和敏捷程度较低。

数据开发的效率及效果需要有配套的技术能力及设施保障，数据开发的效率影响了数据资产的形成效率，数据开发的效果影响了数据资产对业务的指导效果。大多数组织因为无体系化的数据开发及数据资产沉淀机制，无法及时有效形成数据资产并沉淀下来。

（6）数据资产无法持续运营。

由于多数组织仍处于数据资产管理的初级阶段，尚未建立数据资产运营的理念与方法，难以充分调动数据使用方参与数据资产管理的积极性，数据资产管理方与使用方之间缺少良性沟通和反馈机制，降低了数据产品的应用效果。

（7）难以兼顾数据流通和数据安全的平衡。

由于目前多数组织的数据安全能力处于较为初步的阶段，对于数据资产流通的需求却在逐步攀升，随着数据规模的持续增加，多数组织现阶段面临难以平衡数据资产流通和数据安全合规的问题。

2.2.3　过程与管理

1. 数据模型管理

数据模型是指现实世界数据特征的抽象，用于描述一组数据的概念和定义。数据模型管理是指在信息系统设计时，参考逻辑模型，使用标准化用语、单词等数据要素设计数据模型，并在信息系统建设和运行维护过程中，严格按照数据模型管理制度，审核并管理新建和存量的数据模型。数据模型管理的关键过程如下。

（1）数据模型设计。确认数据模型管理的相关利益方；采集、定义和分析组织级数据模型需求；确定遵循数据模型标准与要求，设计企业级数据模型（包括主题域数据模型、概念数据模型、逻辑数据模型）。

（2）数据模型发布。参考逻辑数据模型开发物理数据模型，保留开发过程记录；根据数据模型评审准则与测试结果，由数据模型管理的参与方进行模型评审，评审无异议后发布。

（3）数据模型检查。确定数据模型检查标准，定期开展数据模型检查，以确保数据模型与组织级业务架构、数据架构、IT 架构的一致性；保留数据模型检查结果，建立数据模型检查基线。

（4）数据模型改进。根据数据模型检查结果，召集数据模型管理的相关利益方，明确数据模型优化方案；持续改进数据模型设计方法、模型架构、开发技术、管理流程、维护机制等。

数据模型管理示例如图 2-4 所示。

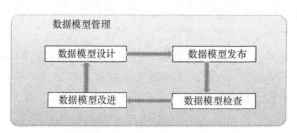

图 2-4　数据模型管理示例

2. 数据标准管理

数据标准是指保障数据的内外部使用和交换的一致性和准确性的规范性约束。数据标准管理的目标是通过制定和发布由数据利益相关方确认的数据标准，结合制度约束、过程管控、技术工具等手段，推动数据的标准化，进一步提升数据质量。数据标准管理的关键过程如下。

（1）数据标准管理计划。确定数据标准管理相关负责人与参与人，开展数据标准需求采集与现状调研，构建组织级数据标准分类框架；制定并发布数据标准管理规划与实施路线。

（2）数据标准管理执行。在数据标准分类框架的基础上，定义数据标准；依据数据资产管理认责体系，组织相关人员进行数据标准评审并发布；依托平台工具，应用数据标准。

（3）数据标准管理检查。对数据标准的适用性、全面性进行及时检查；依托平台工具，检查并记录数据标准应用程度。

（4）数据标准管理改进：通过制定数据标准维护与优化的路线图，遵循数据标准管理工作的组织结构与策略流程，各参与方共同配合进行数据标准维护与管理过程优化。

3. 数据质量管理

数据质量是指在特定的业务环境下，数据满足业务运行、管理与决策的程度，是保证数据应用效果的基础。数据质量管理是指运用相关技术来衡量、提高和确保数据质量的规划、实施与控制等一系列活动。衡量数据质量的指标体系包括完整性、规范性、一致性、准确性、唯一性、及时性等。数据质量管理的关键过程如下。

（1）数据质量管理计划。确定数据质量管理相关负责人，明确数据质量的内部需求与外部要求；参考数据标准体系，定义数据质量规则库，构建数据质量评价指标体系；制定数据质量管理策略和管理计划。

（2）数据质量管理执行。依托平台工具，管理数据质量内外部要求、规则库、评价指标体系等；确定数据质量管理的业务、项目、数据范畴，开展数据质量稽核和数据质量差异化管理。

（3）数据质量管理检查和分析。记录数据质量稽核结果，分析问题数据产生原因，确定数据质量责任人，出具质量评估报告和整改建议；持续测量全流程数据质量，监控数据质量管理操作程序和绩效；确定与评估数据质量服务水平。

（4）数据质量管理改进。建立数据质量管理知识库，完善数据质量管理流程，提升数据质量管理效率；确定数据质量服务水平，持续优化数据质量管理策略。

数据质量管控过程如图 2-5 所示。

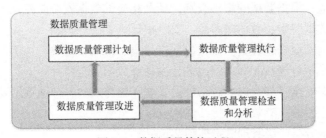

图 2-5　数据质量管控过程

4. 主数据管理

主数据（master data，MD）是指用来描述企业核心业务实体的数据，是跨越各个业务部门和系统的、高价值的基础数据。主数据管理（master data management，MDM）是一系列规则、应用和技术，用以协调和管理与企业的核心业务实体相关的系统记录数据。主数据管理的关键过程如下。

（1）主数据管理计划。依据企业级数据模型，明确主数据的业务范围、唯一来源系统与识别原则；定义主数据的数据模型（或主辅数据源分布）、数据标准、数据质量、数据安全等要求或规则，并明确以上各方面与组织全面数据资产管理的关系。

（2）主数据管理执行。依托平台工具，实现核心系统与主数据存储库数据同步共享。

（3）主数据管理检查。对主数据质量进行检查，保证主数据的一致性、唯一性；记录主数据检查的问题。

（4）主数据管理改进。总结主数据管理问题，制定主数据管理提升方案，持续改进主数据质量及管理效率。

5. 数据安全管理

数据安全是指通过采取必要措施，确保数据处于有效保护和合法利用的状态，以及具备保障持续安全状态的能力。数据安全管理是指在组织数据安全战略的指导下，为确保数据处于有效保护和合法利用的状态，多个部门协作实施的一系列活动集合。包括建立组织数据安全治理团队、制定数据安全相关制度规范、构建数据安全技术体系、建设数据安全人才梯队等。数据安全管理的关键过程如下。

（1）数据安全管理计划。理解组织内外部数据安全需求与监管要求；制定数据安全管理制度体系，包括数据安全工作的基本原则、数据安全管理规则和程序、内外部协调机制等，并且明确个人信息保护管理制度；定义并发布数据分类分级标准规范。

（2）数据安全管理执行。依托平台工具，识别敏感数据，应用数据安全分类分级标准规范；根据数据的敏感级别，部署相应的数据安全防控系统或工具（如权限管控、数据脱敏、数据防泄露、安全审计等）。

（3）数据安全管理检查。监控数据在采集、存储、传输、加工、使用等环节的安全、隐私及合规状况等；组织进行内外部数据安全审计。

（4）数据安全管理改进。总结数据安全问题与风险，评估数据安全管理相关标准规范的适用性、有效性，持续优化数据安全管理过程。

数据安全分类分级管理流程如图 2-6 所示。

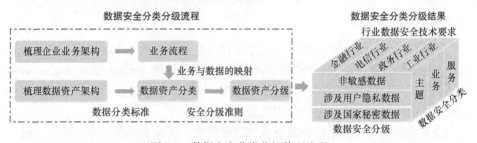

图 2-6　数据安全分类分级管理流程

6. 元数据管理

元数据（metadata）是指描述数据的数据。元数据管理（meta data management）是数据资产管理的重要基础，是为获得高质量的、整合的元数据而进行的规划、实施与控制行为。元数据管理的关键过程如下。

（1）元数据管理计划。明确元数据管理相关参与方，采集元数据管理需求；确定元数据类型、范围、属性，设计元数据架构，确保技术元数据与数据模型、主数据、数据开发相关架构一致；制定元数据规范。

（2）元数据管理执行。依托元数据管理平台，采集和存储元数据；可视化数据血缘；应用元数据，包括非结构化数据建模、自动维护数据资产目录等。

（3）元数据管理检查。元数据质量检查与治理；元数据治理执行过程规范性检查与技术运维；保留元数据检查结果，建立元数据检查基线。

（4）元数据管理改进。根据元数据检查结果，召集相关利益方，明确元数据优化方案；制定改进计划，持续改进元数据管理的方法、架构、技术与应用等内容。

7. 数据开发管理

数据开发是指将原始数据加工为数据资产的各类处理过程。数据开发管理是指通过建立开发管理规范与管理机制，面向数据、程序、任务等处理对象，对开发过程和质量进行监控与管控，使数据资产管理的开发逻辑清晰化、开发过程标准化，增强开发任务的复用性，提升开发的效率。数据开发管理的关键过程如下。

（1）数据开发管理计划。制定数据集成、开发、运维规范。

（2）数据开发管理执行。建设集成了数据集成、程序开发、程序测试、任务调度、任务运维等能力的一体化数据开发工具；根据数据集成规范，进行逻辑或物理的数据集成；根据数据使用方的需求，进行数据开发。

（3）数据开发管理检查。监控数据处理任务的运行情况，并及时处理各类异常。

（4）数据开发管理改进。定期进行数据集成、开发、运维工作复盘，并以此为基础，对相关规范进行持续迭代。

数据开发管理流程示例如图 2-7 所示。

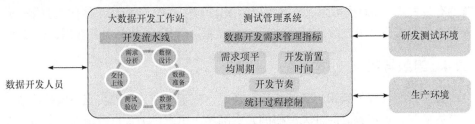

图 2-7　数据开发管理流程示例

8. 数据资产流通

对于组织而言，数据资产流通是指通过数据共享、数据开放或数据交易等流通模式，推动数据资产在组织内外部的价值实现。数据共享是指打通组织各部门间的数据壁垒，建立统一的数据共享机制，加速数据资源在组织内部流动。数据开放是指向社会公众提供易于获取和理解的数据，对于政府而言，数据开放主要是指公共数据资源开放，对于企业而言，数据开放主要是指披露企业运行情况、推动政企数据融合等。数据交易是指交易双方通过合同约定，在安全合规的前提下，开展以数据或其衍生形态为主要标的的交易行为。

数据共享、数据开放、数据交易的区别在于交换数据的属性与数据交换的主体范围。对于具备公共属性的数据，在组织体系内部流通属于数据共享，如政府机构之间的数据交换，在组织体系外部流通属于数据开放，如公共数据向社会公众开放。对于具有私有（商品）属性的数据，在组织内部流通属于企业数据共享，如企业部门间数据交换，在组织外部流通属于数据交易。需要说明的是，并非所有的数据交易均以货币进行结算，在遵循等价交换的前提下，不论是传统的点对点交易模式，或是数据交易所的中介交易模式，由"以物易物"延伸的"以数易数"或"以数易物"同样可能存在。

9. 数据资产运营

数据资产运营是指通过对数据服务、数据流通情况进行持续跟踪和分析，以数据价值管理为参考，从数据使用者的视角出发，全面评价数据应用效果，建立科学的正向反馈和闭环管理机制，促进数据资产的迭代和完善，不断适应和满足数据资产的应用和创新需求。

使用统一平台提供数据服务，复用数据服务成果，提升数据服务效率。统一的数据服务平台屏蔽了底层数据的技术细节，在底层数据平台升级或迁移过程中，降低对业务的影响，从而提高数据链路构建和运行的效率。此外，缩短了数据使用者获取数据的时间，减少了数据在不同角色传递的信息损耗。

此外，组织需要不断丰富数据服务形式，满足内外部数据使用方需求，提升数据资产运营效果；扩宽数据用户，扩大数据场景，构建数据生态是开展数据资产运营的有效方式。而政府可采取公共授权数据运营的方式，由市场主体作为数据运营管理方或数据交易中介，缓解政府部门公共数据运营压力，提升公共数据运营效率。

2.2.4　组织与实施

数据资产管理的组织与实施步骤包括："统筹规划→管理实施→稽核检查→资产运营"，各步骤之间并无严格的先后顺序，组织可结合自身情况在各阶段制定合理的实施方案。数据资产管理的实践步骤如图 2-8 所示。

图 2-8　数据资产管理的实践步骤

1. 统筹规划

数据资产管理实施第一阶段是统筹规划，包括评估管理能力、发布数据战略、建立组织责任体系三个步骤，为后续数据资产管理和运营锚定方向、奠定基础。

（1）盘点数据资产，评估管理能力。利用技术工具从业务系统或大数据平台抽取数据、采集元数据、识别数据关系，可视化包含元数据、数据字典的数据模型，并从业务流程和数据应用的视角出发，完善包含业务属性、管理属性的数据资产信息，形成数据资产地图。此外，从制度、组织、活动、价值、技术等维度对组织的数据资产管理开展全面评估，将评估结果作为评估基线，有助于组织了解管理现状与问题，进一步指导数据战略规划的制定。

交付物：数据资产盘点清单、数据架构或数据模型、数据资产管理现状评估报告、数据资产管理差距分析报告。

（2）制定发布数据战略。主要是根据数据资产管理现状评估结果与差距分析，召集数据资产管理相关利益者，明确数据战略规划及执行计划。同时，为适应业务的快速变化，采用相对敏捷的方式开展数据资产管理工作，定期调整数据战略短期规划与执行计划。

交付物：数据战略规划、数据战略执行计划。

（3）建立组织架构，发布制度规范。从数据战略规划出发，构建合理的、稳定的数据资产管理组织架构，以及具备一定灵活性的数据资产管理项目组，确定数据资产管理认责体系，并制定符合战略目标与当前实际情况的数据资产管理制度规范。

交付物：数据资产管理组织架构图、数据资产管理认责体系、数据资产管理相关管理办法。

2. 管理实施

数据资产管理实施的工作目标主要是通过建立数据资产管理的规则体系，依托数据资产管理平台工具，以数据生命周期为主线，全面开展数据资产管理各项活动，以推动第一阶段成果落地。第二阶段管理实施的开展主要包括建立规范体系、搭建管理平台、全流程管理三个步骤。

（1）制定标准规范、实施细则与操作规范。组织级数据资产标准规范体系是指各活动职能下对数据技术设计、业务含义的标准化。结合数据资产管理相关管理办法，形成各活动职能的实施细则、操作规范，为数据资产管理的有效执行奠定良好基础。

交付物：数据资产管理活动职能相关标准规范、实施细则、操作规范。

（2）搭建大数据平台，汇聚数据资源。根据数据规模、数据源复杂性、数据时效性等，评估平台预期成本，自建或采购大数据平台，为数据资产管理提供底层技术支持；设计数据采集和存储方案，根据第一步的数据资产标准规范体系，制定数据转换规则，确定数据集成任务调度策略，支持从业务系统或管理系统抽取数据至大数据平台，实现数据资源的汇聚；结合云原生、AI 等技术提升资源利用率，降低数据资产管理的资源投入和运维成本。

交付物：大数据平台、数据汇聚方案与记录。

（3）全流程、项目制、敏捷式管理。构建统一的数据资产管理平台，使各活动职能相关工具保持联动，覆盖数据的采集、流转、加工、使用等环节；由数据资产管理团队组织开展数据资源化活动，对于每一项活动，在数据需求中明确和记录数据使用方的规范与期望，在数据设计中支持规则的落地与应用，在数据运维时根据数据生产方业务和数据的变化，响应数据使用方规则与期望的调整，并及时发现和整改问题数据。

交付物：数据资产管理平台、数据资产生命周期操作手册、数据资产项目管理操作手册、数据资产管理业务案例。

3. 稽核检查

稽核检查关注于如何评价数据资源化成果、改进管理方法，该阶段的主要目标是根据既定标准规范，适应业务和数据的变化，通过对数据资源化过程与成果开展常态化检查，优化数据资产管理模式与方法。标准规范是常态化检查的基础与前提，主要包括数据模型与业务架构和 IT 架构一致性、数据标准落地、数据质量、数据安全合规、数据开发规范性等。平台工具是常态化检查的有效方式，相较于人工操作，节约人力物力，确保检查结果的准确性，提升检查效率。定期总结、建立基线是常态化检查的关键过程，对检查结果进行统计分析，形成检查指标与能力基线，评价数据资源化效果，与相关利益方、参与方确定整改方案，持续改进管理模式与方法。

交付物：数据资产管理检查办法、数据资产管理检查总结、数据资产管理检查基线。

4. 资产运营

资产运营阶段的主要目标是通过构建数据资产价值评估体系与运营策略，促进数据内外部流通，建立管理方与使用方的反馈与激励机制，推动数据资产价值释放。构建数据运营中心，充分发挥数据团队对业务部门的辅助作用。数据团队提供包括自助式数据服务、AI 模型等在内的支持，并通过定期宣导与培训，提升业务部门的数字技术能力。此外，以场景化数据资产运营为出发点，鼓励业务部门的数据资产使用各方使用相关平台探索数据，共享探索成果，提出改进建议。

以数据赋能业务发展为主要目标，构建数据资产价值评估和数据运营指标体系。从业务侧出发，覆盖各业务条线和数据场景的数据资产规模、数据资产质量等，从内在价值、经济价值、成本价值、市场价值等方面构建数据资产价值评估体系。此外，建立数据资产数字化运营大屏，直观展示数据资产生态图谱，显性化数据资产应用效果。

建立用户视角下的服务等级协议（service-level agreement，SLA），并进行持续评估和改善。区别于传统分布式大数据平台视角下的 SLA，数据资产管理 SLA 的目标是为各数据使用方持续、及时提供高质量数据和服务，SLA 的核心指标包括可靠性、实时性、质量要求等，贯穿数据资产管理全生命周期，覆盖数据资产管理各项活动职能，由保障措施提供基本支持，并通过采集和分析相关平台的运行日志，记录 SLA 的"断点"，改善数据资产服务的流程。

交付物：数据资产服务目录、数据资产价值评估体系、数据资产流通策略与技术、数据资产运营指标体系。

2.3　主数据管理

从主数据入手开展数据资产管理实践目标明确、建设周期较短，还能够保障关键数据的唯一性、一致性及合规性。从 IT 建设的角度，主数据管理可以增强 IT 结构的灵活性，构建覆盖整个企业范围内的数据资产管理基础和相应规范，并且更灵活地适应企业业务需求的变化。此外，主数据质量的提高也能够为后期数据集成和数据整合打下良好的基础。能源化工、装备制造、交通物流、医疗、综合性投资企业等不同行业往往需要处理来自组织内不同业务单元、专业领域、信息系统的主数据问题，关注数据密集关键部位的业务运作状态，对关键事件和责任进行追溯。企事业单位大量采用以主数据管理为核心的管理实践模式来实现数据资产管理。

2.3.1　概述

1. 主数据定义

主数据是指满足跨部门业务协同需要的、反映核心业务实体状态属性的组织机构的基础信息。主数据相对交易数据而言，属性相对稳定，准确度要求更高，唯一识别。国家标准《数据管理能力成熟度评估模型》（GB/T 36073-2018）中对主数据的定义是"主数据是组织中需要跨系统、跨部门进行共享的核心业务实体数据"。主数据具有超越部门、超越流程、超越主题、超越系统、超越技术等特征。

2. 主数据与其他数据的关系

主数据及主数据管理往往和其他已有的概念混在一起，从而影响人们对主数据与主数据管理的本质的认识。通过分析主数据与元数据、主数据与交易数据这两个概念的区别和联系，可深化对主数据的理解。

（1）主数据和元数据。元数据是关于"数据的数据"，如数据类型、数据定义、数据关系等，相当于数据表格中的表头信息。而主数据是从元数据中挑选出来的，表征组织业务运行的关键、通用型数据，不仅仅只是表头信息，而是包括实例数据，如公司的产品列表、客户列表、分公司地址信息等。

（2）主数据和交易数据。交易数据也是基于元数据衍生而来的，反映公司实时业务记录的数据，同样是实例数据。主数据是相对稳定的，静止不变或者是一段时间内静止不变的数据，而交易数据则是实时变化的数据，往往描述的是某一个时间点所发生的交易行为。例如，航空公司中，"客户本年度飞行里程"是一个主数据，而"客户每次飞行记录"则是交易数据，当交易数据"客户每次飞行记录"累积到一年时，主数据"客户本年度飞行里程"便会产生更新。

3. 主数据管理定义

主数据管理是一系列规则、应用和技术，用以协调和管理与组织的核心业务实体相关的系统记录数据。主数据管理的关键活动包括：理解主数据的整合需求，识别主数据的来源，定义和维护数据整合架构，实施主数据解决方案，定义和维护数据匹配规则，根据业务规则和数据质量标准对收集到的主数据进行加工清理，建立主数据创建、变更的流程审批机制，实现各个关联系统与主数据存储库数据同步，方便修改、监控、更新关联系统主数据变化。主数据管理通过对主数据值进行控制，使得企业可以跨系统地使用一致的和共享的主数据，提供来自权威数据源的协调一致的高质量主数据，降低成本和复杂度，从而支撑跨部门、跨系统数据融合应用。

4. 主数据管理的目标

主数据管理在信息化战略中处于核心和基础支撑地位，是确保目标系统数据的一致和唯一的基础。主数据管理主要有以下目标。

（1）消除数据冗余。不同部门按照自身需求获取数据，容易造成数据重复存储，形成数据冗余。而主数据打通各业务链条，统一数据标准，实现数据共享，最大化消除了数据冗余。

（2）提升数据处理效率。各部门对于数据定义不一样，不同版本的数据不一致，需要大量人力成本、时间成本去整理和统一。通过主数据管理可以实现数据动态自动整理、复制，减少人工整理数据的时间和工作量。

（3）提高公司战略协同力。通过主数据的一次录入、多次引用，避免一个主数据在多个部门和线条重复录入。实现多个部门数据统一后，有助于打通部门、系统壁垒，实现信息集成与共享，提高公司整体的战略协同力。

2.3.2　管理体系

主数据管理体系解决指导思想、目标和任务，以及统一规划、综合管理等重要问题，并配套主数据的相关制度、流程、应用管理和评价。主数据管理体系包括主数据管理组织、制度、流程、应用及管理评价五个方面。

（1）组织。主数据管理组织主要包括组织内各类主数据的管理组织架构、运营模式、角色与职责规划，通过组织架构规划明确主数据管理机制、流程组织体系，落实各级部门及相关人员职责。典型的主数据管理组织主要包含决策层、管理层和执行层。

（2）制度。主数据管理制度规定了主数据管理工作的内容、程序、章程及方法，是主数据管理人员的行为规范和准则，主要包含各种管理办法、规范、细则、手册等。制度主要包含但不限于：《主数据管理办法》《主数据标准规范》《主数据提案指南》《主数据维护细则》《主数据管理工具操作手册》等。

（3）流程。主数据管理流程是提升主数据质量的重要保障，通过梳理数据维护及管理流程，建立符合企业实际应用的管理流程，保证主数据标准规范得到有效执行，实现主数据的持续性长效治理。主数据管理流程可以以管理制度的方式存在，也可以直接嵌入到主数据管理工具中。管理流程一般包括业务、标准和质量等方面。

（4）应用。主数据应用管理是保障主数据落地和数据质量非常重要的一环，主要包含三部分内容：明确管理要求、实施有效的管理、强化保障服务。

（5）管理评价。主数据管理评价是用来评估及考核主数据相关责任人职责的履行情况及数据管理标准和数据政策的执行情况，通过建立定性或定量的主数据管理评价考核指标，加强企业对主数据管理相关责任、标准与政策执行的掌控能力。

2.3.3　实施过程

主数据管理是一个复杂的系统工程，涉及企业和单位多个领域，既要做好顶层设计，又要解决好统一标准、统一流程、统一管理体系等问题，同时还要解决好数据采集、数据清洗、数据对接和应用集成等相关问题。主数据管理实施面临的问题和挑战主要包括：

（1）不重视主数据的总体规划，缺乏顶层设计，无法在单位决策层、管理层和业务层等各层级统一思路；

（2）各职能部门各自为政，难以在标准和规则层面达成一致，致使主数据代码标准难以统一；

（3）通用标准主数据（国际标准、国家标准和行业标准产生的主数据）管理分散，缺乏便捷可靠的数据获取渠道，数据获取困难；

（4）单位内部已经存在且分散管理的主数据，由于缺乏统一标准和数据关联，大量的数据清洗依靠人为判断，数据清洗难度和风险都很大；

（5）一些单位，特别是大型集团化企业，系统众多、年代跨度久远，一些早期的系统数据标准化程度不高，改造难度大、成本高，给主数据应用集成带来较大的困难。

主数据管理实施过程主要包含主数据规划、制定主数据标准、建立主数据代码库、搭建主数据管理工具、构建运维体系及推广贯标等方面。

1. 主数据规划

主数据规划是项目建设的第一步，也是非常关键的一步，规划将提供一系列方法和流程来保证组织核心主数据的准确性、完整性和一致性。主数据规划强调将需求分析与系统建模紧密结合，需求分析是系统建模的基础，而业务调研又是需求分析的前提。在进行规划的时候，首先根据业务工作内容（而不是根据现行的机构部门）划分出一些"职能小组"，由双方业务人员、分析人员组成的小组，分别对各个职能域进行业务个数的调研分析。

在主数据规划咨询的过程中需要参照标准，主要参照的标准有国际标准、国家标准、行业标准、企业标准，确保企业的主数据规划咨询后能够既符合国家相关规定，又具备企业行业特色。在参照标准的同时要结合当前组织的实际需求及未来业务拓展的需求，结合组织主数据的使用范围、使用时间，根据实际情况选择主数据的种类与类型。

主数据规划过程输出成果主要包括：主数据标准化体系架构、主数据集成架构、主数据安全架构（数据脱敏、数据权限）以及运营管理架构（组织、制度、流程、管理规范、质量管理措施等）等内容，此外主数据规划阶段的关键活动是对成果、体系的宣贯，通过宣贯让企业的各级管理人员及员工及时掌握相应的标准、规范，确保整个体系的梳理运行。

2. 制定主数据标准

制定主数据标准一般遵循简单性、唯一性、可扩展性等相关原则，既要方便当前应用系统的需求，又要考虑未来信息系统发展的需求。

制定过程步骤如下。

（1）在理解组织信息化整体规划的基础上，开展主数据标准管理现状调研，梳理相关业务流程。

（2）选取组织架构、业务范围等类似的优秀组织作为标杆进行对比分析，归纳核心管理领域和业务领域的主数据管理需求，确定数据范围和组织范围。

（3）根据各类主数据的特点并结合企业实际情况，与相关业务部门共同讨论制定满足组织应用需求的主数据标准，标准内容主要包括分类规范、编码结构、主数据模型、描述模板、属性取值等。

制定主数据标准要紧密围绕主数据管理标准体系的主要内容去开展，即结合业务需求统筹梳理业务标准（编码规则、分类规则、描述规则等）、构建统一的主数据模型标准。制定主数据标准的过程中，一般会衍生出一套代码体系表或主数据资产目录。

3. 建立主数据代码库

建立主数据代码库是根据主数据标准对历史主数据进行清洗、排重、合并、编码的过程，保证主数据的完整性、准确性和唯一性，从而形成一套规范的、可信任的代码库。建立主数据代码库的策略是收集组织有库存和有在途业务的数据并进行预处理，检测收集的数据中存在的错误和不一致，剔除和进行修正，将剩余部分转换成符合主数据标准规范要求的格式，以提高数据的质量。建立过程步骤如下：

（1）确定代码结构；

（2）调研、收集各类代码标准；

（3）分析、优选各类代码标准并提出规划制定建议；

（4）编制规则征求意见；

（5）征求部门意见以完善和确认规则；

（6）提交规则送审稿。

建立主数据代码库的过程是按照一定的清洗规则对零散、重复、缺失、错误、废弃等原始数据进行清洗，通过数据清洗保证主数据的唯一、精确、完整、一致和有效。然后分别从数据的完整性、规范性、一致性、准确性、唯一性及关联性等多个维度，通过系统校验、查重及人工比对、筛查、核实等多种手段对主数据代码的质量进行多轮检查，通过高质量的数据清洗形成主数据标准代码库。

4. 搭建主数据管理工具

通过搭建主数据管理工具，为主数据的管理提供技术支持，实现主数据标准文本发布、主数据全生命周期管理等功能。首先根据组织网络环境安装配置主数据管理工具标准功能模块，然后梳理关键业务流程，分析核心管理领域和业务领域的主数据管理需求，从业务层面和系统层面进行主数据管理需求调研。对比主数据管理工具标准功能进行系统差异分析，编制系统需求规格说明书。

依据需求规格说明书，在主数据管理工具标准功能的基础上进行客户化定制开发，并按照与其他信息系统的集成方案开发系统接口。在系统功能和性能方面，进行系统的相关测试，确保满足使用需求。组织企业相关关键用户进行业务和系统培训，为后续上线使用奠定基础。

5. 构建运维体系

主数据管理工具上线运行后，在业务和技术层面继续提供后续支持保障，成立主数据标准化运维组织，明确各岗位职责，结合企业实际情况制定主数据管理制度、主数据管理流程及主数据管理维护细则等，建立组织运维体系，为主数据的长效规范运行奠定坚实基础。

6. 推广贯标

主数据应用推广直接关系到各信息系统互联互通的实现，通过应用推广扩大主数据应用范围，实现主数据统一编码、统一描述、统一维护、统一应用，建立起规范可靠的主数据代码库，为信息系统之间数据共享打下良好的基础。

2.3.4　发展趋势

随着新一代信息技术的发展，主数据及主数据管理也迎来了新的机遇。主数据管理为大数据分析和应用提供了良好的标准化环境，大数据存储和计算技术提高了主数据梳理和检索的效率，为主数据管理提供了便捷的环境。云计算为主数据管理工具提供了能够满足"共享服务"功能的新的架构模式，采用微服务技术满足主数据管理工具的高可用性、稳定性和易用性。人工智能为主数据清洗提供了自动化思路，利用自然语言处理及主数据标准库提升主数据质量。

与海量的数据相比，主数据描述了组织的核心业务实体，它可以跨业务、跨系统、跨部门地被重复利用，其重要性不言而喻。然而在不同的行业和组织中，主数据管理实践的进展不尽相同，本书后续提供的案例将直击企业面临的痛点，具有很强的针对性。

2.4　数据质量与评估

质量是数据管理的根本目的，没有质量保障，数据便不可信。数据分析、数据挖掘等应用也需要数据质量保证。因此，需要通过加强数据全生命周期管理、分级存储管理、管理能力评估，以及建立数据标准体系、数据质量管控体系来保障数据质量。

2.4.1　数据质量保障方法

（1）数据产生阶段保证数据质量的方法是控制输入。对于手动录入的数据，尽可能地使用非开放式的输入手段，如下拉菜单、单复选框、时间控件、标签等，必须开放的输入部分，进行必要的及时校验。另外在数据进入系统前，可以设立监控点，出现错误数据可以及时预警（邮件、信息手段进行通知）。

（2）数据存储阶段保证数据质量的方法是数据标准统一和数据清洗。在数据仓库或数据中心建立时，按照数据标准对关键字段进行统一命名，以及遵行统一的格式和精度等相关要求，排除数据的歧义。对于已经存储在数仓中的数据发现质量问题，可使用内置丰富清洗组件的数据质量管控工具进行便捷清洗。

（3）数据加工阶段的质量管控手段主要采用数据质量管理工具。这个阶段的数据会经历很多过程，如被引用、指标计算、从 ODS 层到集市层等，可以使用内置很多种数据质量规则的数据治理平台进行数据质量监测、预警和校验。

（4）数据应用阶段的质量管理手段。对数据分析和数据挖掘的结果及新产生的数据按照标准，进行规范的管理，无论是存储结果的表名，还是字段、格式等。有新的数据质量问题产生，可通过数据清洗工具进行清洗后再保存。

2.4.2　数据管理评估

国家标准《数据管理能力成熟度评估模型》（data management capability maturity assessment model，DCMM）是我国首个数据管理领域国家标准。DCMM 国家标准结合数据生命周期管理各个阶段的特征，按照组织、制度、流程、技术对数据管理能力进行了分析、总结，提炼出组织数据管理的八大过程域，并对每项能力域进行了二级过程项（28 个过程项）和发展等级的划分（5 个等级），以及相关功能介绍和评定指标（441 项指标）的制定，如图 2-9 所示。

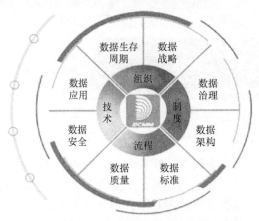

图 2-9　DCMM 组织数据管理的八大过程域

（1）数据战略：数据战略规划、数据战略实施、数据战略评估；
（2）数据治理：数据治理组织、数据制度建设、数据治理沟通；
（3）数据架构：数据模型、数据分布、数据集成与共享、元数据管理；
（4）数据标准：业务数据、参考数据和主数据、数据元、指标数据；
（5）数据质量：数据质量需求、数据质量检查、数据质量分析、数据质量提升；
（6）数据安全：数据安全策略、数据安全管理、数据安全审计；
（7）数据应用：数据分析、数据开放共享、数据服务；
（8）数据生存周期：数据需求、数据设计和开放、数据运维、数据退役。

2.4.3　数据管理评估案例

1. 背景

某集团立足数字化转型发展，提升公司管理精益化，打造优秀的数字化人才队伍，深化数据资源、数据资产的深入挖掘，不断提升企业数据管理水平，加强企业数据治理工作和数据质量提升，保证数据安全可控，扩展数据应用服务，提供统一的数据分析服务平台。公司确立的核心目标是：以 IT 和数据为支撑，实现数据驱动业务创新发展，如图 2-10 所示。

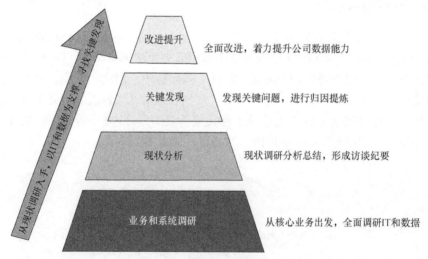

图 2-10　数据管理评估框架图

2. 评估方法及过程

本次评估调研的工作主要有问卷调查、现场访谈和资料研究。调研访谈参与人员包括公司相关部门领导、业务骨干及业务人员。评估过程如图 2-11 所示。

（1）现状初评。以试点单位为起始，形成全集团评估实施方案，并对所有分子公司进行数据管理能力成熟度现状初评。旨在对各分子公司数据管理工作进行现状摸底，识别问题，确认后续能力提升的重点方向，为年底终评打好基础。

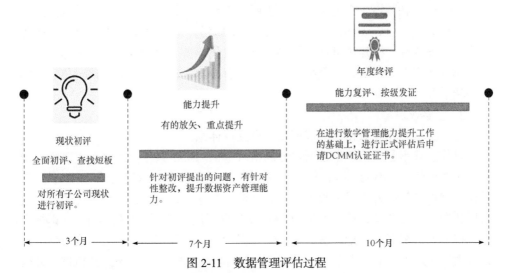

图 2-11 数据管理评估过程

（2）能力提升。各分子公司在数据管理能力成熟度评估初评结果的基础上，针对提出的问题和报告中的建设指引，有针对性地开展数据资产管理能力提升工作，切实提升各分子公司数据资产的管理水平。

（3）年度终评。对提升结果进行复评和审核，确定最终评估等级。

3．评估结果

（1）针对数据战略、数据治理、数据架构、数据标准、数据质量、数据安全、数据应用、数据生命周期八个数据管理过程域进行评估。

（2）整理形成数据管理现状问题清单，共计 116 条，为分析评估提供基础。

（3）通过 DCMM 评估，充分肯定了公司及各分子公司以往在数据管理方面的工作，制定全集团数据资产管理能力提升路线图，提出未来三年数据管理能力提升建议 7 项，形成后续数据管理工作规划、有效指导各项数据工作开展，完成《数据管理能力成熟度评估报告》， 并通过持续改进，最终取得国家资质认证，获得《数据管理能力成熟度评估模型标准符合性证书》。

2.5 规范数据管理应用实例

1．实例背景

平度市作为山东省面积最大、人口居前的县级市，前后分三期投入 3.02 亿元建设平度市数据治理平台，基于城建、交通、应急、自然资源、卫健、公安等部门的二十余个业务系统平台数据 821 项数据资源，积极开展大数据创新应用，不断提升政府综合治理效能，为建设人民满意的服务型政府和建成宜居幸福的现代化城市创造有利环境。平度市数据治理服务平台是依托网格化体系、地理信息软件（geography information system, GIS）地图信息，全面整合多个职能部门的各类管理服务资源，构建区域性、网络化、多元化、信息化的社会综合管理服务平台。充分运用人工智能、大数据等新一代信息技术，重点研究数据规范化管理的方法和手段。

2. 主要做法

（1）汇聚多元素数据，形成智慧数据支撑体系。

目前，该市数据治理平台通过青岛市政务信息资源共享交换平台，已接入企业注册登记信息、不动产登记信息等96项共享数据资源，同时依托视频监控、传感器、网格员等多种手段采集数据，累计汇聚数据821项，总量3.5亿余条，日新增数据170万余条，打通视频9549路（包含天网、应急、水利等行业，镇街自建等视频）。根据人、地、事、物、情数据的划分，已梳理和汇集平度市辖区内人口数据137.2万条、房屋44万余条，城市部件数据30万余条，并梳理了社区矫正等10类重点人员数据；重点扶贫人员数据；小卫生室、小餐饮等九小场所数据；学校、医院、加油站、重点危化品企业等重点场所数据的全量汇集，建成了平度市数据治理基础数据库，为平度市社会治理、城市管理、应急管理、交通运输等领域的智能服务奠定扎实基础，为各个智慧应用创新提供强大的数据支撑体系。

（2）创新数据管理模式，分级构建智慧中心。

通过数据治理服务平台建设，构建N级架构、多级联动的管理工作体系，构建基础网格与专业网格协作的管理协同体系，打造四大中心：数据汇聚中心、数据流转中心、指挥调度中心、分析研判中心。实现各类应用和创新模式的全闭环服务流程，为全市政府管理信息流转、指挥调度、监督考核、分析研判和领导的辅助决策提供数据资源支撑，提高政务服务的科学化、精细化、智能化水平。

3. 持续发展和创新

下一步该市将以前期沉淀的规范数据资源为基础，继续推动数据平台扩展升级，继续整合分散在各部门、社会的视频监控和物联感知资源，通过数据挖掘和大数据分析，进一步提升智能化、科学化和精准化水平。

并通过前期实践制定数据规范、接口标准和评价机制，推动数据开放共享，探索数据确权交易、数据应用的创新模式，最大限度释放数据要素的价值。

第3章　数据确权和交易

3.1　数　据　确　权

随着数据成为关键生产要素，如何界定数据权属成为各方高度关注的重要问题。数据权属问题也被描述为数据确权或数据产权问题，其核心宗旨是针对不同来源的数据，厘清各数据主体之间错综复杂的权利关系，通过法律制度等方式明确数据产权的归属。当前，数据在经济社会发展中的价值和作用持续提升，可驱动经济转型升级，已经成为推动经济社会高质量发展的重要资产。但与此同时，在数据收集、存储、使用、加工、传输、提供、公开等环节中，数据权属确定关系到数据相关产业的健康持续发展。

3.1.1　数据产权概念

1. 数据产权定义[4]

资源要能够被交易，产权界定是前提。产权也被称为所有权，即谁拥有或控制该资源，并凭借该权利能够对该资源进行处置，并有权参与分配的权利。数据产权是产权概念的延伸，是指数据资源所有者对数据资源的权利，包括对数据资源的归属权、所有权、占有权、支配权、使用权以及收益权等。数据要素的开发环节中，涉及诸如数据主体、数据持有人和第三方使用人等多个主体。而数据究竟是属于数据创造者还是收集者，这是数据确权需要明确的问题。从理论来说，数据确权的核心是确定谁控制数据、谁有权接入数据、谁有权交易数据和谁有权分配数据价值。

2. 数据产权特点

数据产权也属于产权的一种，所以数据产权也应该具有如下产权性质。

（1）排他性。数据产权主体对所拥有的数据资源，应该有权利排除其他经济个体的占用。但是，从目前的数据资源情况来看，只有那些未公开的资源，才能够以相对较低的成本排除他人使用；而资源一旦被公开，要排除他人使用几乎是不可能的，这也就是数据资源的非排他性。

（2）可交易性。数据产权一旦具备排他性后，该权利就会独立于资源存在，则该权利可以进行转让，可以在不同经济个体间进行让渡。数据资源如果能够参与市场交易，即使数据产权的初始配置不符合效益原则，只要后续数据产权的交易成本低于因产权调整引起的价值增加，则交易就是可行的。

（3）可分割性。该特性以排他性为前提，如果数据产权独立于数据资源存在，则权利就可以进行分割。被分割后的权利单位便于吸引更多的交易者，促进交易的达成，实现部分权利甚至整体权利的让渡或转移，也能有效促进资源的优化配置。

3.1.2　数据产权界定

1. 数据权利界定的难点

作为一种虚拟物品，数据不同于普通的有形物质，其权利体系构成与实物有所差别。进入大数据时代，数据的生产特点发生了一些变化，这使得数据的权属界定成为难点，从全球范围看，数据确权问题均是巨大挑战，特别是随着互联网平台经济日益发达，数据权属生成过程愈加复杂多变。

（1）当下我国在数据开放、数据交易和数据安全层面的立法亟须突破。首先，数据开放层面法学理论和立法总体滞后。数据作为一种虚拟环境物品，其权利体系的构成和界定与传统现实物品差异很大，需要对传统民事权利体系理论进行扩充和完善。目前《政府信息公开条例》尚未适应数据开放的管理，数据开放原则、数据开放平台、数据管理制度还需要进一步完善。

（2）数据权属和交易生成过程多元、多变且复杂。如在数据交易方面，数据权属、数据交易市场准入、市场监管以及纠纷解决等机制尚未立法规定。以网约车为例，用户原始数据被平台收集后，通过运营商网络传输，关联数据可能同时与消费者个体、平台、运营商和监管部门均有关联，其权属界定同时存在国家数据主权、数据产权和数据人格权三种视角，标准难以统一。

（3）数据安全作为棘手问题，增加了数据确权的难度。《中华人民共和国网络安全法》颁布后，关键信息基础设施界定、网络产品和服务审查以及网络运营者安全义务界定等缺乏实施细则，存在很多模糊地带，进一步影响数据的有效确权。与此同时，西方国家近两年已有突破性进展，出台了多部专门法规。欧盟发布《通用数据保护条例》；英国通过修订《自由保护法》、发布《公共部门信息再利用指令》等一系列措施来为政府开放数据提供监督和强制性的限制，从而给数据再利用准备了强有力的法律保障；美国通过《开放政府数据法案》《信息自由法》《隐私法》等系列法律条文来保障政府数据的开放；日本通过《人工智能、数据利用相关签约指南》等对数据权属等问题进行了系统界定。

（4）数据权利具有多样性，不同类型数据在权利内容上存在较大差异。数据权的主体包括自然人、政府和企业。个人数据可能会包含个人的隐私，自然人对自己的数据享有隐私权。因此，自然人对个人数据的权利旨在保护其对个人数据的自主决定利益，从而防止因个人数据被非法收集和利用而侵害个人人格权和财产权。对于政府数据，通常被认为属于公共资源，公众享有知情权、访问权和使用权。商业数据则包含企业的知识产权、商业秘密和市场竞争合法权益等。从当前与数据相关的法律来看，个人数据是一个明确的法律概念，国内外都有明确的法律概念和规范体系。在政府数据开放的讨论语境下，政府数据也是一种重要的权利客体。相对而言，商业数据比较模糊，尚未成为严格的法律概念。

（5）数据生产链条包括多个参与者，权利责任需要在各参与者之间进行划分而引致界定困难。与其他财产不同，数据的全生命周期由多个参与者（数据提供者、数据收集者、数据控制处理者等）对数据进行支配，每一个参与者在各自环节赋予数据不同价值。在大多数情况下，数据发挥作用、产生价值需要数据控制处理者（如网络平台）对数据进行采集、加工、处理和分析，因此，数据提供者对于数据的各项权利需要数据控制处理者的支持和配合才可有效行使。赋予某一参与者专属的、排他性的所有权不可行，需要在数据提供者、数据控制处理者等参与者之间进行协商和划分，确定各权利之间的边界和相互关系。数据权利内容还会随着应用场景的变化而变化，甚至衍生出新的权利内容，使得事先约定权利归属变得困难。在海量数据时代，数据控制处理者对于每一个数据包含的复杂权利内容进行协商会带来巨大的交易成本，需要有一套简易可行的规则才能使得数据利用成为可能。

（6）数据与传统普通事物的所有性质有所不同。目前已经有不少人提出对数据建立所有权。而数据的特点（如无限性和兼容性）使数据产权外延内的"所有权"和一般民法对所有权（对财产享有使用、收益和处分的排他性权利）的界定不同。对于通常意义上的所有权，所有权人几乎完全拥有占有和使用该物的权益，且一般是在没有妥善保管物导致侵权事实发生的情况下才会存在责任问题。数据权在数据的全生命周期中有不同的支配主体，权利人需承担更多的义务和责任，不仅要对数据泄露和数据侵权等事件承担责任，而且需要在日常数据收集和处理等工作中履行相应的义务。

2. 关于数据产权的争议

按照经济学原则，任何需要拿到市场上进行交易的产品和服务首先应该界定其产权。当然，这种产权是一个权利束，包含所有权、使用权、控制权、收益权等，这些权利在特定情形下是可以分离的。由于其本身的复杂性以及权利主体的多元性，数据的产权界定在学术界、产业界都尚未形成定论，各国对数据产权也都没有明确的法律规定。

造成数据权属模糊的主要原因是数据主体与数据控制者之间的利益冲突。一种观点认为，数据产权在严格保护个人隐私的前提下，应该属于处理、加工并使之商品化的企业。有的学者甚至认为，是否严格保护个人隐私都是可以讨论的问题。另一种典型观点则认为，即使是处理以后的匿名化、不包含个人隐私的数据，也应承认个人对数据的初始产权。

对于上述争议，从经济学的角度来看，按照科斯定理的基本原则，如果对产权的法律界定导致交易成本过高，从而事实上阻止了数据交易和流通，那么这种权利界定就是无效率的。对于经过匿名化处理、总体价值密度较低的大数据而言，其中包含的每一条个人信息的贡献价值其实都非常之小。如果认可个人的财产权利主张，那么个人授权或获取分成收益的成本很可能超过其信息贡献价值，导致数据交易成本太高，从而无法实现数据在市场上的流通，甚至使数据市场失去存在的意义。但是，从法学角度来看，认可个人的财产权利主张可能有其维护社会公平的道理。这就是数据权属争议的核心问题所在。

3.1.3　数据产权界定探索

数据产权主要分为数据所有权、支配权、使用权、收益权、转让权、处置权、数据隐私权和数据许可权等。数据的所有权是指这个数据属于谁，应该获得什么权利。数据所有权难以界定的关键在于，数据是事实的记录和描述，数据的所有权是归记录者还是归事实主体？数据作为独立的存在，数据拥有者在数据的采集、传输、计算、分析等生命周期中为数据生成做出了贡献，付出了成本，理应享有相应的权利。但因为数据中又蕴藏着自然人、法人和其他社会主体的信息，对数据权利的确认会影响与该数据相关的自然人、法人和其他社会主体的权利。因此，很难将权属简单归于单一的主体。

1. 我国涉及数据产权的相关法律规定

2020 年，我国颁布的《中华人民共和国民法典》（以下简称《民法典》）第127 条规定："法律对数据、网络虚拟财产的保护有规定的，依照其规定。"这是首次提及数据的法律地位，但没有明确规定数据权益。《民法典》对个人信息保护和隐私权则有着明确的法律规定。

《民法典》第 1034 条规定："个人信息是以电子或者其他方式记录的能够单独或者与其他信息结合识别特定自然人的各种信息，包括自然人的姓名、出生日期、身份证件号码、生物识别信息、住址、电话号码、电子邮箱、健康信息、行踪信息等。"，明确"个人信息受法律保护"。从这个定义来看，我国法律规定的"个人信息"与欧盟定义的"个人数据"具有同义性。《民法典》第 111 条写明："任何组织或者个人需要获取他人个人信息的，应当依法取得并确保信息安全，不得非法收集、使用、加工、传输他人信息，不得非法买卖、提供或者公开他人个人信息。"《民法典》第 1035 条对个人信息的收集与处理重申了合法性、正当性、必要性原则。《民法典》规定了个人信息主体的查阅权、复制权、更正权、删除权及信息处理者的信息安全保障义务等，明确了公权力机关及其工作人员的保密义务，为自然人、信息处理者和公权力机关在网络空间规范使用管理个人信息提供了法律遵循。这是关于我国个人信息权益（也是个人数据权益）的基本立法规定，事实上明确了自然人是自己个人数据的主体，具有查阅权、复制权、更正权、删除权等。

2020 年，我国发布的《中共中央国务院关于构建更加完善的要素市场化配置体制机制的意见》中明确指出要"研究根据数据性质完善产权性质"，需要在对数据性质进一步研究的基础上制定相应的数据产权制度。由于数据是"镜子"和"像"的统一体，数据处理既离不开数据处理者对数据的采集、传输、存储、加工、计算、分析、使用、提供、公开等所付出的技术和劳动，也离不开数据主体的事实存在和实际行为。因此，关于数据产权，尤其是所有权，存在事实上的共有，只是一方实际控制数据是因为他提供了"镜子"，一方拥有数据是因为他提供了"像"，但是镜子或像二者缺一，数据就不可能存在，所以，实践中的做法是"像"的所有权归数据主体，"镜子"的所有权归数据控制者（即数据平台的所有者），但因为"像"离不开"镜子"，所以"镜子"事实上控制了"像"，双方可以共同受益。但即使"镜子"控制了"像"，"像"仍然归数据主体所有，个人数据归个人所有，这一点不容置疑。

2. 数据产权确立的原则

目前，数据产权立法和实践中均有意回避了数据所有权的争执，明确了数据主体对数据具有查阅权、复制权、更正权、删除权等；在合法、正当、必要和征得同意的前提下，允许数据处理者（实际上的数据控制者）拥有对数据处置和收益的权利。基本原则是回避争执、避免侵权，双方共同拥有、共同受益。

3. 不同性质数据的产权特点

（1）个人数据权。自然人是自己个人数据的主体，具有查阅权、复制权、更正权、删除权等。

（2）企业数据权。企业是自己企业数据的主体，具有查阅权、复制权、更正权、删除权等。企业对自己采集和加工的数据具有数据控制权。

（3）政府数据权。政府代表公众，是公共数据的实际控制人，具有公共数据的使用权、复制权、更正权、删除权等。

（4）国家数据主权。数据主权是特定国家的最高权力在本国数据领域的外化，其以独立性、自主性和排他性为根本特征。现阶段，数据主权的核心逻辑是在网络空间及数据领域延伸和拓展传统国家主权理念的各项基本价值追求，进而确保国家对本国数据享有独立自主开发、占有、管理和处置的最高权力。从这个意义上说，主权国家范围内的公共数据归国家所有。

4. 数据确权的技术和制度措施

（1）技术确权。在实践中，数据产权可以通过可验证计算、同态加密和安全多方计算等密码学技术来界定，使得在不影响数据所有权的前提下交易数据使用权成为可能，从而构建数据交易的产权基础。区块链技术可用于数据存证和使用授权，可将各参与主体在数据采集、存储、处理、交易、应用等节点上的数据行为进行记录与追溯，从而在数据产权界定中发挥重大作用。

（2）制度确权。除了技术以外，数据产权还可以通过制度设计来界定。可以学习通用数据保护条例（general data protection regulation，GDPR）引入数据产权的精细维度，包括被遗忘权、可携带权、有条件授权和最小化采集原则，建立数据管理的制度范式。可从数据作为生产要素的角度出发，明确个人数据和数据交易主体的数据权利。也可构建以新型数据权利为核心的制度体系，使之与数据要素市场的发展相适应。还可以基于权利与经济利益的等价关系，建立一套以数据产生者、记录者、加工者的数据财产权益为基础，公平、高效且激励相容的数据价值分配机制，合理分配数据要素生产过程中各参与主体的权益，保障个人数据权益不被侵犯，最大化数据生产链与交易链中的数据增值，通过建立包括数据定价在内的新型经济利益分配体系，间接地完成数据确权。

3.2　数　据　交　易

数据要流动才能发挥其价值，数据具有非竞争性，使其不适合作为私人产品进行交易，除非采用某种技术手段限制数据被重复使用。但是，对于数据需求方而言，政府开放和共享的数据不能满足数据分析的要求，他们迫切希望通过交易方式获得更多数据，数据交易是一种对数据进行买卖的行为，企业或政府可以通过交易，找到数据资源，由此产生了很多数据交易模式。

3.2.1　数据要素交易模式

1. 直接交易数据模式

交易双方就数据交易的内容和方式进行详细约定，签订数据交易合同，一方交货，一方付款，完成交易。通常，购买方通过某种渠道了解到销售方出售某类数据，与销售方协商后签订合同，购买数据。这种模式比较适合线下"一手交钱，一手交货"的交易，在数据黑市比较普遍。这种交易不透明，市场监管难度大，而且卖方很难控制买方的行为，特别是买方复制数据并与其他第三方再进行交易的行为。

2. 数据交易所模式

目前，我国政府已经成立了一些数据交易所，在政府监管下，在集中场所进行数据供求关系撮合。类似于股票交易市场，在数据交易所，买卖双方必须注册成为市场成员，通过交易所平台进行数据买卖。但是，由于信息不对称，数据易复制，交易双方都担心数据被第三方交易所截留并非法套利。而且，交易双方一旦达成某次交易，就可能不再依靠数据交易所进行下一次交易。因此，目前政府开办的数据交易所的数据交易很冷清。

3. 资源互换模式

在移动 App 中，App 服务商通过提供免费的 App 应用服务，换取对用户个人数据的使用权。资源互换模式也存在一些问题。第一，互联网平台与用户之间地位不平等、信息不对称，用户被迫接受数据授权协议，可能用重要的个人数据换取了不太有价值的资讯服务。互联网平台也可能过度收集用户数据，或者把从甲业务中收集的个人数据用于用户不知情的乙业务上，从而造成隐私侵犯和数据滥用问题。第二，用户紧密依赖互联网平台，难以行使对数据的可携带权，很难将自己的数据开放或迁移到第三方平台上。第三，用户难以获得对个人数据的合理收益权。

4. 会员账户服务模式

数据比较适合俱乐部交易模式。销售商出售数据平台的会员服务，消费者购买会员服务后可以获得与会员级别对应的数据访问权。

5. 数据云服务交易模式

销售商不直接提供数据，而是提供数据应用的云服务或数据应用系统，消费者通过购买云服务或系统获得数据的应用价值。

6. API 访问模式

销售商通过 API 将用户数据开放给经授权的第三方机构，以促进用户数据的开发使用。销售方既限定哪些数据可开放，也限定向哪些机构开放。

7. 基于数据保护技术的数据交易

可验证计算、同态加密、安全多方计算、联邦学习、区块链技术等使用密码学技术，实现数据加密，从而限制或规定数据的重复使用次数，推动数据产品转换为私人产品进行交易；或者在不影响数据控制权的前提下交易数据使用权，以便从技术上构建数据交易的产权基础，并能计量数据主体和数据控制者的经济利益关系。

8. 利益相关方的数据平台+数据的联盟交易模式

数据消费者共同出资，投资一家"数据平台+数据"的服务商，这家服务商负责生产数据产品并出售给所有利益相关方。例如，成立于 2003 年的 Markit 公司[①]，其股东包含主要的 CDS[②]做市商。这些金融机构股东把自己的 CDS 数据上传到 Markit，Markit 整合得到 CDS 市场数据后以收费的方式对外提供，包括定价

---

① 美国 Markit 公司，英文名 Markit Ltd.，是一家金融信息服务提供商。

② 信用违约互换（credit default swap，CDS）是国外债券市场中最常见的信用衍生产品。

和参考数据、指数产品、估值和交易服务等数据。股东金融机构在不泄露自己商业机密的情况下，不仅从公司工作中获知 CDS 市场整体情况，还从公司业务增长中获得投资收益。

9. 数据生态模式

数据生态模式是德国为适应工业 4.0 的发展，解决数据互联和流通难题，提出的一种汇聚数据流通生态各方主体、创新数据共享模式。德国联邦教研部于 2014 年底正式提出了"工业数据空间行动"，旨在世界范围内构建一种基于标准通信结构、实现数据安全流通共享的虚拟空间结构。排除企业对数据交换不安全性的种种担忧。

（1）国际化。相比于传统国内数据交易平台，数据空间旨在打破国家界限，实现跨国数据流通；目前，已有超过 20 个国家的 118 家企业和机构加入。

（2）去中心化。不存在中央集权的权威机构负责数据管理；极大调动数据要素市场中各个主体的市场参与积极性；充分提升数据要素市场中各个主体的自监、自检、自控能力。

（3）生态化。从"数据交易模式"拓展到"数据生态模式"；加强数据可信认证确保数据生态环境的可信任性；依托"数据连接器"实现数据要素市场主体多元化。

（4）四类主体。数据空间将数据要素市场主体主要分为核心参与者、中介、软件及服务提供者、治理监管机构，这四类主体共同营造一个相对完整的数据生态系统。

（5）五层架构。数据空间包含业务层、功能层、流程层、信息层和系统层。业务层主要涉及数据空间参与方提供的各类数字化业务模式和核心业务；功能层主要定义了数据空间的功能要求；流程层主要描述数据空间不同部件间的动态交互过程；信息层规定了信息模型；系统层则主要涉及数据安全交换的技术设施。

（6）三大动作流程。"落户"数据空间、数据交换、数据 App 上架与使用共同构成数据空间的三大动作流程。

3.2.2　数据交易发展特点

近年来随着大数据的广泛普及和应用，数据资源的价值逐步得到重视和认可，数据交易需求也在不断增加，国家为了促进大数据产业的发展以及小微企业创业，提出建立数据交易的概念，在国家政策的积极推动、地方政府和产业界的带动下，贵州、武汉等地开始率先探索大数据交易机制。据不完全统计，目前全国共有 30 多个大数据交易所或交易机构，数据交易呈现以下特点。

1. 大数据交易平台建设理性回归

数据交易平台是数据交易行为的重要载体，可以促进数据资源整合、规范交易行为、降低交易成本、增强数据流动性，成为当前各地促进数据要素流通的主要举措之一。根据中国信息通信研究院发布的《大数据白皮书（2021 年）》统计，2015～2016 年间，国内各省市先后成立了十多家由地方政府发起、指导或批准成立的数据交易机构，面向市场提供集中式、规范化的数据交易场所和服务，但因涉及数据流通的确权、定价等问题的制约，这些数据交易平台运营效果不佳，于是在 2017～2019 年，大数据交易平台遇到了发展的瓶颈，全国几乎没有新建大数据交易平台。直到 2020 年后，数据作为生产要素的作用和地位被国家确立后，大数据交易平台建设迎来了新的发展热潮。基于国家对数据要素市场培育的政策要求和最新的大数据技术，北京、上海等新成立的大数据交易所在数据要素交易规则、范式等方面又开始了一些新的创新和实践。全国部分大数据交易中心建设时间如图 3-1 所示。

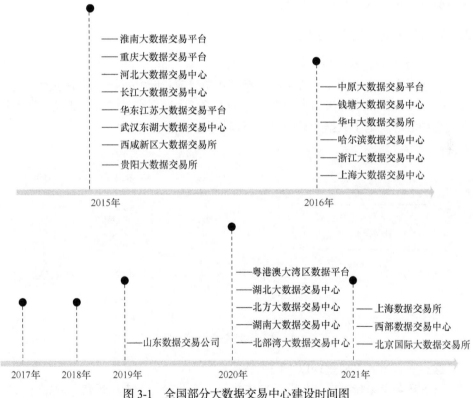

图 3-1　全国部分大数据交易中心建设时间图

2. 大数据交易变现能力有所提升

在国家政策的推动鼓励下，数据交易从概念逐步落地，部分省市和相关企业在数据定价、交易标准等方面进行了有益的探索。随着数据交易类型的日益丰富、交易环境的不断优化、交易规模的持续扩大，我国数据变现能力显著提高。

3. 大数据交易整体仍处于起步阶段

从整体发展水平来看，我国大数据交易仍处于起步阶段，突出表现在以下几个方面。

（1）数据交易主要以单纯的原始数据"粗加工"交易为主，数据预处理、数据模型、数据金融衍生品等内容的交易尚未大规模展开。

（2）数据供需不对称使得数据交易难以满足社会有效需求，数据成交率和成交额不高。

（3）数据开放进程缓慢一定程度上制约了数据交易整体规模，影响数据变现能力。

（4）数据交易过程中缺乏全国统一的规范体系和必要的法律保障，无法有效破解数据定价、数据确权等难题。

3.2.3　数据交易的主要类型

1. 基于大数据交易所（中心）的大数据交易

基于大数据交易所（中心）的交易模式是目前我国大数据交易的主流建设模式，比较典型的代表有贵阳大数据交易所、长江大数据交易中心、武汉东湖大数据交易中心等。基于数据交易中心的模式如图 3-2 所示。

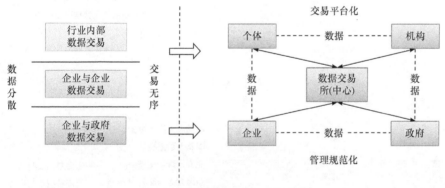

图 3-2　基于数据交易中心的模式

这类交易模式主要呈现以下两个特点：

（1）运营上坚持"国有控股、政府指导、企业参与、市场运营"原则；

（2）股权模式上主要采用国资控股、管理层持股、主要数据提供方参股的混合所有制模式。

该模式既保证了数据权威性，也激发了不同交易主体的积极性，扩大了参与主体范围，从而推动数据交易从"商业化"向"社会化"、从"分散化"向"平台化"、从"无序化"向"规范化"实现转变,将分散在各行业领域不同主体手中的数据资源汇集到统一的平台中,通过统一规范的标准体系实现不同地区、不同行业之间数据共享、对接和交换。

2. 基于行业数据的大数据交易

交通、金融、电商等行业分类的数据交易起步相对较早,由于领域范围小,数据流动更方便。同时,基于行业数据标准较易实现对行业领域交易数据的统一采集、统一评估、统一管理、统一交易。例如,2015 年 11 月,中科院深圳先进技术研究院北斗应用技术研究院与华视互联联合成立全国首个"交通大数据交易平台",旨在利用大数据解决交通痛点,推动智慧城市的建设,未来将逐步组建交通大数据供应商联盟,构建良性的交通大数据生态系统。

3. 数据资源企业推动的大数据交易

近年来,国内以数据堂、美林数据、爱数据等为代表的数据资源企业渐具市场规模和影响力。区别于政府主导下的大数据交易模式,数据资源企业推动的大数据交易更多的是以盈利为目的,数据变现意愿较其他类型交易平台更强烈。数据资源服务企业其生产经营的"原材料"就是数据,在数据交易产业链中兼具数据供应商、数据代理商、数据服务商、数据需求方多重身份。经营过程中往往采用自采、自产、自销模式并实现"采产销"一体化,然后再通过相关渠道将数据变现,进而形成一个完整的数据产业链闭环。正是因为这种自采自产自销的新模式,数据资源企业所拥有的数据资源具有其独特性、稀缺性,一般交易价格较高。数据资源企业推动的数据交易模式如图 3-3 所示。

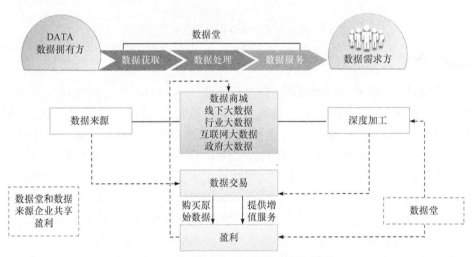

图 3-3 数据资源企业推动的数据交易模式

4. 互联网企业"派生"出的大数据交易

以百度、腾讯、阿里巴巴等为代表的互联网企业凭借其拥有的数据规模优势和技术优势在大数据交易领域快速"跑马圈地",并派生出数据交易平台。这种大数据交易一般是基于公司本身业务派生而来,与企业母体存在强关联性。一部分数据交易平台作为子平台,数据来源主要来源于"母体"并以服务"母体"为目标;也有一部分数据交易平台脱离"母体"独立运营,即便如此也能看到"母体"的影子。以京东万象为例,京东万象作为京东的业务组成部分,其交易的数据与服务的主体与电商息息相关。京东万象的交易数据品类较为集中,尽管京东万象的目的是打造全品类数据资产的交易,但目前平台主推的仍是金融行业相关数据,而现代电子商务的发展离不开金融数据的支撑。基于互联网企业衍生的数据交易模式如图 3-4 所示。

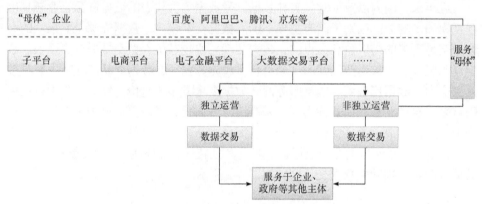

图 3-4　基于互联网企业衍生的数据交易模式

3.2.4　数据交易发展存在的问题

数据具有一定程度的排他性、质量价值差异性、收集成本高等特征,因此大数据市场的进入壁垒得以提高,市场垄断得以形成。一方面,高昂的数据成本降低了数据的可获得性;另一方面,数据的质量和价值会伴随时间推移而价值递减,对于企业来说,如果数据的时效性和相关性不能得到保障,其竞争优势就会丧失。经过多年的探索实践,我国大数据交易积累了丰富的经验,但也存在一些问题。

（1）数据交易环境有待完善。良好的数据交易环境是大数据交易发展的基础保障,既有赖于法律法规的保障和标准规范的支撑,也需要相应监管的到位。目前国家层面的数据交易法律法规和行业标准尚未推出,数据标准化、资产化和商品化体系尚未建立。各方在开展数据共享流通时,因为统一标准的欠缺导致无法建立统一的数据大市场,导致地方各省大数据交易平台建设过程中自行探索标准体系,容易自成体系。同时,大数据交易是互联网经济背景下诞生的一种新事物、新业态，在政府层面尚未有专门的监管职能部门对其进行监管。

（2）数据交易以"粗放式"为主。从交易内容来看，我国大数据交易以单纯的数据原材料买卖为主，数据算法、数据模型等交易尚未起步，数据价值得不到有效体现；从交易价格来看，目前交易过程中缺乏对数据定价的统一标准，难以准确衡量数据应有价值；从数据质量来看，部分交易数据存在格式不规范、内容不完整等问题，影响数据交易；从数据资产评估来看，数据收益和成本估算机制较为缺乏，这是因为数据价值又会随着交易主体和应用场景的变化而变化，交易过程容易出现信息不对称的问题；从交易机制来看，交易双方信任机制难以建立，把握数据使用流向问题难以解决；从数据定价模式来看，数据定价模式缺乏系统框架，目前，大量零散的数据交易定价均针对应用场景，缺乏统一的数据定价标准。此外，形成交易市场的条件尚不具备，我国尚缺乏实现数据资产化、商品化和标准化的交易条件体系，制约了数据交易市场的形成。

（3）数据交易平台定位不清。从目前大数据交易平台建设来看，各地大数据交易平台在建设过程中存在着定位重复、各自为战，难以形成综合优势的问题。以华中大数据交易所、长江大数据交易中心、武汉东湖大数据交易中心为例，三者均处于湖北省境内，但在发展定位上、功能定位上界限不清，形成了多个分割的交易市场，导致数据交易市场之间缺乏流动性，呈现交易规模小、交易价格无序、交易频次低等特点，难以真正实现平台化、规模化、产业化发展，无法有效发挥数据交易平台的功能优势。

（4）数据质量难以得到有效保障。目前我国各地数据交易大多基于数据交易平台开展，但数据交易平台在建设过程中对于建设主体、参与主体等并未制定严格的标准要求，对于谁可以出资、出资额多少才能建设大数据交易平台未做明确规定，这种低门槛将影响数据质量。在交易事前阶段，缺乏针对数据产品和交易商的评估体系，数据质量难保障，脏数据、假数据随处可见。在交易事中阶段，缺乏统一的交易撮合定价体系，依靠点对点交易甚至"数据黑市"方式进行，加剧了数据滥用和诈骗等现象的滋生。在交易事后阶段，缺乏全国统一的数据可信流通体系，区块链等新技术应用不足，进一步阻碍了数据要素的顺畅交易流通。与此同时，我国大数据交易平台建设主要采用会员制，但对入会成员未制定统一标准要求。以华中大数据交易所为例，在会员认证过程中主要是对其身份属性进行认证，但对企业资产等均未做明确要求，无法保证交易数据质量的权威性和准确性。

3.2.5 数据交易发展的实施路径

1. 加快标准立法建设，优化数据交易环境

为推动数据交易市场的发展，激发市场主体活力，明确数据交易的标准和形

式就变得尤为迫切。贵州、武汉等地积极探索大数据交易标准规范，贵阳大数据交易所成为国家首个"大数据交易标准试点基地"，华中大数据交易所通过制定《交易数据格式标准》《大数据交易行为规范》等推动大数据交易规范化发展。国家可基于地方数据交易实践及标准规范，并借鉴国外先进经验，逐步探索建立国家层面数据交易的法律法规和行业标准，推动我国大数据交易实现标准化、规范化交易。

2. 加快数据开放进程，与数据交易形成良性互动

充分发挥数据开放与数据交易间的良性互动作用，逐步为数据交易构建起良好的环境氛围。大数据时代，随着数据资产价值的提升，数据开放通过进一步丰富数据品类、扩大数据规模，可以在供给上为数据交易提供保障；数据交易变现能力提升和应用效果显著后，将会在一定程度上鼓励数据拥有者向社会开放数据。李克强总理在中国大数据产业峰会上指出，"80%的数据掌握在政府手中，政府应共享信息来改善大数据"，政府作为公共数据的核心生产者和拥有者应加快数据开放，推动数据流通和数据交易，释放数据价值。

3. 逐步推进"分类"交易原则，试行"一类一策"

按照差异化交易原则，对交易的数据进行分类，根据不同类型数据实施分类交易。一是针对不同的交易主体、交易模式等，鼓励其根据自身优势、自身发展定位等分类发展。二是针对不同来源、不同类型的数据，尝试制定不同的交易策略和定价策略，如针对稀缺性、价值高的数据，实施卖方定价；针对社会公共价值高的数据，特别是政府部门提供的数据，实施成本定价。

4. 创新交易方式，探索"泛交易"模式

"泛交易"是指在数据交易过程中，打破传统思维，创新交易方式，延长数据交易链，在现有数据买卖的基础上，探索以数易数、数据捐赠、数据代理等更加"泛化"的数据交易形式。如武汉东湖大数据交易中心在交易平台上推出"以数易数"服务，用户在数据购买过程中可以与卖方协商，用自己所拥有的其他数据与其进行"物物交换"。"泛交易"可以鼓励吸引更多的数据交易主体参与到交易过程中，增强数据流通性和使用价值，多渠道提升数据交易变现能力。

3.2.6　代表性大数据交易中心

1. 北京国际大数据交易所

北京国际大数据交易所于2021年3月31日正式成立，旨在通过打造数据交易和流通的基础设施，发挥市场在数据要素资源配置中的基础性作用，提升数字经济产业发展动力。北京国际大数据交易所是国内首家基于"数据可用不可见，用途可控可计量"新型交易范式的数据交易所，利用区块链技术、多方安全计算技术、隐私加密技术等，在数据权属确认、数据流通效率、数据安全治理等方面

开展创新实践。例如，北京国际大数据交易所推出了基于区块链技术的"数字交易合约"。此外，北京国际大数据交易所在交易模式上寻求新的突破，试图引入更多第三方机构提供不同的数据服务，"有的做数据质量管理，有的做数据定价"。

2. 上海数据交易所

上海数据交易所于 2021 年 11 月 25 日在浦东新区成立，是由上海市人民政府的相关部门和机构推动组建，旨在推动数据要素流通、释放数字红利、促进数字经济发展的重要功能性机构。其采用公司制架构，围绕打造全球数据要素配置的重要枢纽节点的目标，面向数据流通交易提供高效便捷、合规安全的数据交易服务，同时引导多元主体加大数据供给，培育发展"数商"新业态。

3. 西部数据交易中心

西部数据交易中心于 2021 年 12 月 17 日在重庆江北区成立，由西部数据交易有限公司作为运营主体，旨在以数据交易为支点，构建市场化的运营服务体系，联合数商共同搭建与完善交易、服务、技术、产业等多维生态，助力政务、企业、社会等全数据要素汇聚和融合利用，促进数据要素规范化流通、合理化配置、市场化交易、生态化发展，辐射西部各省市。西部数据交易中心为买卖双方提供了一个合规的数据交易场所，并在中间提供交易对象选择、交易价格建议等服务。交易的内容包括数据包、API 接口、大数据应用解决方案、数据交易服务等。

3.3　数据交易应用实例

1. 实例背景

银行信用卡盗刷一直以来都是银行非常头疼和难以解决的问题。由于磁条卡复制容易，制作成本低，导致市面上出现大量伪造信用卡。尤其国内旅客在国外消费时，无须输入密码，更加方便了伪卡的制作，从而增加了伪卡交易的概率。每年银行都会因为伪卡交易的问题，白白损失掉许多资产。能否判断信用卡是否是本人交易，成为鉴别伪卡交易的关键点。如果能够在信用卡交易的同时，通过客户的手机位置信息与交易地点进行匹配，那么可大大提升伪卡交易的发现概率，并可及时进行相应的后续处理。这里需要外部数据支撑、交换和验证，才能实现伪卡交易判别。

2. 应用场景

国内某银行与移动运营商进行数据交易与合作，建立数据共享平台，通过实时数据处理和验证，进行伪卡交易的判断和验证，辅助判断信用卡是否是本人交易，判别流程如图 3-5 所示。

（1）用户在 POS 上刷卡交易后，银行收到交易请求，发送用户手机号码到数据服务平台，进行请求查询；

（2）数据服务平台传递数据查询请求，大数据平台实时采集获取该手机号码的位置信息；

（3）移动运营商大数据平台采集该手机号码的位置信息后，通过标准化处理和元数据的约束形成标准化数据；

（4）标准化数据经过平台数据定价和评估模型，产生有价值的数据资产；

（5）数据资产通过预先配置好的数据质量检查规则，形成待服务数据；

（6）满足数据质量要求的数据资产经过平台相应数据安全机制验证，输出数据结果并反馈给对端银行系统，判断此笔交易是否为伪卡交易。

此外，该数据交易模式还可以应用于其他多种场景，如个人身份验证、法人身份验证、疫情轨迹管控、贷款业务等。

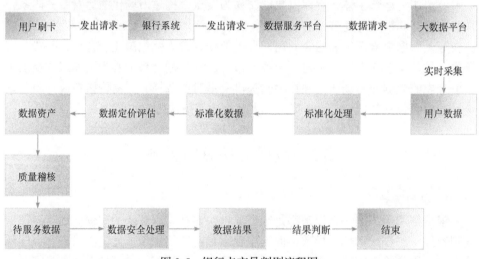

图 3-5　银行卡交易判别流程图

第4章 数据要素市场化配置

4.1 数据要素市场化进展

　　培育数据要素市场对释放数据价值，推动数字经济、数字政府、数字生活等高质量发展具有十分重要的战略意义。随着数据要素成为全球经济社会发展新动力，对数据要素市场化配置的理论探究和实践探索也在稳步推进。

4.1.1 市场规模快速增长

　　"十三五"期间我国数据要素市场快速上升，以数据采集、数据清洗、数据标注、数据交易等核心数据要素环节构成的中国数据市场快速增长，到2021年底市场总规模已达到704亿，数据要素市场复合增速超过30%，市场格局逐渐明晰。根据国家工业信息安全发展研究中心测算，预计在"十四五"期间数据要素市场总规模将突破1749亿元，市场将进入高速发展期，主要体现在以下几个方面。

　　（1）全国各省市以国有资本为主导的数据交易所与社会资本为主导的数据公司，共同构成我国数据要素市场格局。

　　（2）数据技术创新不断。以联邦学习、多方安全计算、数据沙箱为主的创新技术不断助力我国数据要素市场发展。

　　（3）数据要素市场聚集效应逐渐显现。强强联合，优胜劣汰。各省逐步汇聚龙头企业，发挥龙头企业数据规模大的优势，充分释放数据聚集效益。龙头企业开始利用自身固有技术优势和成本优势，将数据要素迅速融入传统优势产品，丰富自身数据服务品类，为小微企业做出示范。

　　（4）数据要素市场区域分工持续优化。因地制宜，百花齐放。各地方结合自身独有区域市场优势，制定符合区域发展环境的数据要素市场政策。区域分工协作格局逐渐形成，北上广深依托自身人才与技术优势大力发展数据流通交易与数据技术研发等高精尖业务。而围绕中心经济带的欠发达地区则发挥人力密集特点开展数据标注、清洗等传统数据服务。

4.1.2 市场化配置措施不断创新

　　为有效解决这些问题，需要从大数据管理及技术方面采取有效的措施来加快数据要素市场化配置，促进数据要素价值的发挥。

（1）开拓创新数据保护立法形式，推动创新数据资源服务模式。根据自身数据要素市场发展情况制定相关地方性法规与政策，探索创新型数据立法模式，构建完整数据法律体系。推动数据资源服务模式创新，探索建立"数据银行""数据分红"等方法提升数据资源流通效率，加速释放数据的乘数效应，明晰数据要素产权界定。目前，我国法律对数据产权的归属、类型和结构界定规则仍然比较模糊，要通过立法形式，从数据的收集、挖掘、利用、共享和交易等环节对数据产权进行认定，加快制定数据产权界定的实施细则和办法。

（2）持续推动数据标准化建设，全面提升企业数据管理能力，提升数据开放共享水平。以元数据规范建设为核心，选取细分领域和相关业务场景，推动形成行业标准元数据库、元数据主题库、指导垂直行业业务数据定义标准化、实施既有系统业务改造，促进跨系统、跨企业的数据流动共享。积极推动我国数据管理领域国家标准（DCMM）贯标评估工作，对企业数据管理能力的八大能力域（数据战略、数据治理、数据架构、数据标准、数据质量、数据安全、数据应用、数据生存周期）进行全面精准评估，引导企业逐步建立完整的数据管理体系，提高数据在企业生产中的要素地位。要加快打造政府经济治理基础数据库，着力解决各机构、各区域条块分割问题，形成数据要素市场建设合力，实现区域间和机构间共享数据要素。

（3）不断强化数据信息安全。海量数据在收集、存储、流转和利用过程中，容易受到非法势力攻击和窃取，造成数据泄密。要积极研发和推广防泄露、防窃取等大数据保护技术，制定数据隐私保护制度和安全审查制度，完善数据分类分级安全保护制度。

（4）不断着力加强数字基础设施建设。加快 5G 网络基站、大数据中心、工业互联网等新型基础设施建设，同时加大对传统基础设施的数字化改造力度。大数据人才是我国数据要素市场发展的"助燃剂"，加快完善数据人才培养体系，突破数据交易流通关键技术，建立企业与高校之间的人才交流机制，打通大数据理论与实践之间的隔阂。鼓励各高校积极推动大数据与人工智能相关专业设置及学科建设，设立专项基金吸引海内外大数据高端人才，定期开展企业大数据人才培训。加大数据交易流通、确权和安全等方面关键技术的研发和创新应用，大数据交易流通关键技术是激活要素市场的"发动机"，应集中人才优势，突破以数据交易为核心的数据流通技术。利用新技术手段解决数据流通中出现的数据权属模糊问题；应坚持国家安全和个人隐私并重，创新应用各种数据安全技术，加强政企合作共同维护数据安全。

4.1.3　国外数据要素市场化的主要做法

数字经济时代，全球高度关注数据要素市场化发展，努力挖掘、培育、释放数据价值，推动数字经济与实体经济深度融合，为经济转型发展提供新动力。目前，由网络所承载的数据、由数据所萃取的信息、由信息所升华的知识，正成为商品服务贸易的新内容、社会治理的新手段，不少国家加快激活数据要素市场、制定产业规范，推动数字经济加速发展。

1. 韩国大力推动公共数据开放共享

韩国政府提出了以信息数据公开为核心的"政府 3.0 推进基本计划"（简称"政府 3.0"），大力推进公共数据开放共享和数据要素市场化，利用法律法规和政策来进行顶层设计、加强开放数据评估、注重公民参与、渐进推进政府数据整合、建立开放数据文化等，在交通、金融、商务等行业领域逐步实施。近年来，韩国推出数字经济发展计划，颁布《公共数据法》，要求国家机关和地方政府积极推进公共数据开放，并委托韩国智能信息社会振兴院构建大数据平台。截至 2021 年 12 月，有 977 个机构开放了公共数据，共公开了 49324 个文件数据，开放了 8055 个应用程序接口，下面以交通行业为例。

首尔交通公社利用大数据综合分析市民交通卡使用情况和电信公司通信数据，预测地铁到达时间和车厢拥挤度，并将相关信息及时传送到手机应用程序中。乘客手指一点，就能了解即将进站的三至四列列车的到达时间以及每节车厢的拥挤程度。有了这个数据应用后，可以提前了解地铁拥挤情况，选择合适的车次和车厢，乘车的舒适度大大提高。据统计，该应用程序上线一年多后，高峰期最繁忙的线路之一首尔大入口站到教大站之间，客流量被分流了 30%。目前，首尔市已建成集合了公交综合管理系统、交通卡系统、监控摄像系统的大数据分析平台，与警察厅、气象局、道路运输管理部门等联动，通过收集、反馈和分析交通数据信息以改善市区交通状况。

韩国企业逐步注重利用公共数据开发新产品，参与政府数据相关事业的新上市企业从 2019 年的 5 家增加到 2021 年的 26 家，企业市值达 5.8 万亿韩元（1 美元约合 1200 韩元），目前已登记了 2698 个数据成果，其中不乏一些小而美的创意。例如，许多韩国民众喜欢钓鱼，济州道一家企业利用韩国水资源公社提供的公共数据，开发了一款手机应用程序，专门为钓鱼爱好者提供水库和渔场的天气、水位、水质等信息，推出 5 个月便获得了超 10 万的下载量。因此，数据开放共享活跃了青年创业，对创业企业的成长做出了贡献。

2. 英国用智慧数据驱动创新服务

英国政府设立专门工作组开展"智慧数据计划"，即在用户授权前提下，将分散的个人或企业数据，按合规标准安全分享给被授权且受监管的第三方，打破数据垄断，激发创新服务。该计划先期在银行和金融、通信、能源和养老金等领域推广。通过提高数据流动和分享的安全性使消费者和企业受益，带来了上百亿英镑的经济增加值，不少创新企业通过用户消费习惯、信贷记录等数据，为其提供更便捷实惠的信息服务。

大量应用场景和数据需求涌现，例如，购置房产时如何在种类繁多的信贷产品中，选择最优方案、降低债务风险；手机套餐、水电暖气合约到期，如何更快选取适合自己的优惠套餐；新兴企业利用公共数据给用户提供更精准的信息服务。以金融领域为例，英国金融行业发起"开放银行倡议"，半数中小企业曾考虑在某家金融机构贷款，其中25%的企业由于时间仓促或审批流程过长而放弃。"开放银行倡议"服务能快速调取企业数据，打包形成信贷档案，方便贷款机构审核，也方便企业选取更优惠的贷款方案。对于个人用户来说，借助这一个性化服务，可以更有效地管理资本、减少借贷费用、申请到更优惠的贷款。目前，英国该服务已拥有300万个人和企业用户，每年可为用户增加上百亿英镑的收益。

3. 德国鼓励数据驱动商业模式创新

德国推行将数据作为智能制造的基础，并把数据市场化和智能化结合推动创新。2018年11月，德国联邦政府公布"建设数字化"战略，提出建设数字化能力、数字化基础设施、数字化转型创新、数字化转型社会和现代国家五大行动领域。2021年6月，欧盟批准了德国总额高达256亿欧元的经济复苏计划，其中一半以上的援助资金将被用于数字化领域。数字化正在重塑大量产业，75%的德国企业制定了数字化战略，力争在数字经济领域取得领先地位。同时，德国通过加强数据保护催生更加创新务实的商业模式。2021年初，德国《反限制竞争法》第十修正案正式生效，旨在加强对数字行业领先企业的监管力度。2021年5月，德国反垄断机构联邦卡特尔局宣布，对谷歌公司在处理数据方面启动反垄断调查。

德国的做法和成效表明，只有进一步释放数据要素活力，让更多数据在市场上充分流通，才能让更多中小企业从中获取发展动能。例如，德国某交通企业通过抓取公共数据并深入挖掘分析，可以预判并帮助排除故障，提升运维质量和效率，还能将维修成本降低8%～10%；制造业方面，95%的德国制造业企业已经将产业数字化视为改进自身业务的良机；物联网方面，在铁路公司的2000台机车和列车上，安装了超过600万个智能传感器，这些传感器不断收集机车动力、空调设备等运转数据，可及时分析各部件运行情况，提示可能存在的安全隐患并提供相应的解决方案，让工作人员可以及时做出应对。

人们普遍认为，数据要素未来的大趋势肯定是开放共享，世界各国都认识到了大数据开放共享对经济发展的重要性，如何利用好数据关系到是否能够抓住人类社会第四次工业革命的历史机遇。只有在保障安全的前提下科学有序开放共享数据，促进开放数据的可持续释放，以需求为导向，运用市场经济的手段，营造多方参与的生态圈，并调动企业积极性，充分合理利用数据，才能够取得更好的效果。

4.2　数据要素市场化配置的主要瓶颈问题

数据资源要素的高效配置，是推动数字经济成长的关键所在。当前，我国数据要素市场化配置尚处于发展的起步阶段，经过近年来的发展和积累，我国数据规模日益庞大，但很多行业的数据处于睡眠状态，其潜在的价值尚未释放，同时大量数据的存储维护也产生了一定的成本。数据要素市场化配置规模较低，成长速度相对缓慢，在数据确权、开放、流通、交易、监管等方面仍存在诸多瓶颈制约。

4.2.1　数据产权法律不完善

明晰的数据要素产权归属和法律性质，是数据资源要素市场化配置的基础。对于个人信息保护，我国已经初步建立了与国内环境相符、与全球态势相适应，以《中华人民共和国民法总则》《中华人民共和国刑法》《中华人民共和国网络安全法》《电信和互联网用户个人信息保护规定》等为主体的个人信息保护法律框架。其中，对于数据收集者/持有者（包括政府、企业、个人）收集和交易涉及公民个人信息的数据，其产权的归属、类型和结构界定规则仍然比较模糊，尚无明确的法律法规依据。

近年来，国家开始推动数据产权立法工作，例如，新版《中华人民共和国民法总则》第127条规定："法律对数据、网络虚拟财产的保护有规定的，依照其规定。"法理上，该条款属于引致条款。而对于这种一般性的引致条款，都需要有更为具体的相关指南或实施细则予以配套，以确保法律条款可切实执行。但是，全国人大法工委在编写《中华人民共和国民法总则释义》时，强调指出，鉴于数据和网络虚拟财产的复杂性，限于民法总则的篇章结构，如何界定数据和网络虚拟财产，如何具体规定数据和网络虚拟财产的权利属性和权利内容，应由专门法律加以规定。换言之，全国人大法工委建议要进一步加强数据确权的相关立法立规，现行的《民法总则》等相关法律无论在法律依据层面，还是在操作执行层面，目前都还不能很好地解决数据产权界定问题。

4.2.2　数据开放共享水平不高

由于数据相关法律法规不健全、标准规范不统一、权责范围和边界不清晰，政府、企业等数据持有主体不愿、不敢、也不易进行数据开放共享。

（1）数据采集标准不统一，影响了数据共享互认。人工智能、可穿戴设备、车联网、物联网等数据密集型领域标准不一，增加了数据共享互认的难度。推动相关行业数据采集标准化、数据治理规范化，探索数据规范化开发利用，是推动数据价值释放的基本前提，也是数据要素市场化发展的重中之重。

（2）政府数据开放质量不高。近年来，尽管中央政府还是地方政府都在大力推动政府数据开放和共享，然而，政府数据开放共享仍呈现出"数据总量规模小、数据质量较差、可利用率不高、用户参与度低"的特点，信息孤岛、数据烟囱依旧林立。

（3）数据流通能力弱，企业之间数据共享和再利用较少。数据只有聚集流通才能发挥价值，目前，受制于法律法规、技术标准和交易机制等不完善以及开放共享的理念缺乏，数据要素的使用普遍以企业内部数据为主，呈现出自给自足的"小农经济"状态，企业数据开放共享和交易没有成为市场的主流形态，导致数据开放共享和交易规模的扩大受到限制。而且，大企业数据虹吸效应明显，各中小微企业数据孤岛严重，亟须串联有效数据，鼓励数据共享汇集和流通。

（4）数据跨境流动限制比较严格。出于国家主权、网络安全和隐私保护等方面考虑，我国初步建立了比较严格的数据跨境流动管理机制，总体来看，效果较好，但在数据跨境流动成为新经济发展驱动力的背景下，可能损害我国经济竞争力。

4.2.3　市场体系建设相对滞后

数据要素参与市场交易和分配的制度机制有待加强。数据要素与土地、资本等传统生产要素不同，数据是一种新型生产要素，对数据要素的市场化配置规律的认识仍处于探索期，在知识经济背景下，数据要素的制度激励已成为技术创新和经济增长之间互动循环的重要环节，但是与其他要素不同的是，将数据作为生产要素参与分配的机制更为复杂。我国数据要素市场体系建设相对滞后，市场机制在数据要素资源配置过程中的决定性还没有充分发挥，突出表现在如下三方面。

（1）数据要素市场交易机制不完善。由于对数据产权、数据市场流转、交易规则、技术规范、平台功能、企业信用、法律风险等方面缺乏共识，再加上缺乏高效可行的交易模式，极大地削弱了数据要素市场主体进行交易的意愿，造成大数据交易所、交易网站、数据公司等数据市场中介不能有效发挥作用，阻碍了数据交易范围和规模扩张。

（2）数据权属不明确，数据要素资产估值和定价困难。目前，我国尚未对数据权属问题进行明确的法律规定，数据确权手段尚缺乏，因此数据确权问题仍是行业无法避免的痛点，需要针对数据的所有权和使用权进行分离，探索数据使用的新范式。数据价格难判断，定价标准不统一。数据是非标品，在形态上具有非实物、高度虚拟化和高度异质性的特点，对于不同用户的使用价值不同，数据成本较难进行衡量，数据价值较难进行合理评估，只有对海量的、采集口径多元、标准和格式各异、物理载体不一、数据结构不同的数据源进行清洗和标准化处理，才能将"脏数据"转为"有价值"的数据，才能进一步进行数据资产估值和交易定价，并且数据作为一种特殊商品，复用性较高，边际成本较低，较难形成合理的数据评估体系。数据交易主体对于多源数据汇集、非结构化处理、数据清洗、数据建模等技术和工具还亟待突破和提升，这在很大程度上，制约着数据要素资产估值和定价，影响着数据要素的交易和流转效率。

（3）数字信息基础设施建设不均衡。我国数字信息基础设施建设不平衡、不充分的问题仍然较为突出，造成城乡之间、地区之间、行业之间仍存在"数字鸿沟"，不利于统一开放、竞争有序的数据要素大市场建设。一是农村互联网相关基础设施建设仍然比较滞后，城乡之间互联网普及率仍有较大差距。二是不同区域之间信息化程度差异也比较明显，东西部地区信息基础设施建设失衡的局面亟待改变。三是5G、物联网、人工智能等新型数字信息基础设施建设刚刚起步且区域、城乡之间发展还不够均衡，促进地区、城乡之间的数据要素自由流动的效能还有待释放。

4.2.4 数据流动和交易仍存在安全风险

尽管国家在顶层设计上高度重视数据和信息安全问题，但在操作层面上仍存在意识不强、办法不多、措施乏力等问题，数据安全问题形势比较严峻，严重制约着数据要素市场化配置进程。

（1）数据泄密风险不容忽视。海量的数据在收集、存储、流转和利用过程中，数据安全防护更加困难，容易受到非法势力攻击和窃取，造成数据泄密的重大事件不断上演，数据泄密风险问题依然比较严重。近几年，涉及个人信息泄露的数据安全事件频繁。例如，微博被爆超5亿用户数据在暗网被出售，个人信息安全遭受巨大危险，类似数据安全事件造成的损失不可估量。

（2）数据交易法律风险较高。数据收集、交易、处置、转让和管理过程，可能涉及数据未经个人和企业用户明确授权或涉及企业的商业机密以及国家安全，容易出现法律风险。《刑法》第二百五十三条规定：违反国家有关规定，向他人出售或者提供公民个人信息，属于刑事犯罪。本书作者对中国裁判文书网中涉及侵犯公民个人信息类刑事案件进行了深度挖掘发现，我国侵犯公民个人信息类刑事案件的数量呈逐年增长趋势，绝大部分案件涉及非法获取和买卖公民个人信息类犯罪、利用个人信息诈骗类犯罪等15种刑事罪名。

（3）数据滥用行为频出。数字经济的技术经济特征，驱动着数据要素市场呈现出集中趋势，造成利用数据优势实施垄断和不正当竞争行为的现象频频出现。

①拥有更多独家数据资源的垄断企业可能滥用其市场支配地位，对竞争对手采取诸如算法合谋、完美价格歧视、捆绑销售、市场封锁等垄断行为，打击和消灭竞争对手，排斥和限制市场竞争。

②鉴于数据资源价值凸显，部分企业为了获取和收集数据，采取各种不正当竞争行为。

4.2.5　数据监管治理体系仍不完善

（1）数据监管治理规则仍不够完善。尽管我国在政府数据开放、个人信息保护、数据安全、交易流通、跨境流动等方面出台了大量的法律法规、战略规划和政策文件，但仍缺乏可操作的细则，具体如下所示。

①政府数据公开方面，制定了《政府信息公开条例》等系列政策文件，但对于政府数据公开的范围、数据质量评估等方面没有具体细则，制约着公共数据资源的开放共享。

②跨境数据流动管理方面，我国《网络安全法》明确规定，"关键信息基础设施的运营者在中国境内运营中收集和产生的个人信息和重要数据因业务需要，确需向境外提供的，应当按照国家网信部门会同国务院有关部门制定的办法进行安全评估"。但目前数据跨境安全评估细则和操作办法还有待完善。

③数据交易和流通方面，目前，我国尚未制定出台相关的法律法规，可交易和流转的数据范围还没有明确的法律依据。

（2）数据监管治理组织亟待完善。当前，由于缺乏国家层面统筹推进数据资源管理的机制和统筹协调的管理机构，对数据开放共享、数据交易市场准入、数据安全、数据滥用、数据交易纠纷等监管治理存在"九龙治水""三个和尚没水吃"等问题。这既不利于摸清国家数据资源的家底，也不利于数据资源的统筹管理和综合利用，因此，亟待从国家层面设立数据管理机构予以统筹协调和监管。

4.3　数据要素市场培育

数据是新的生产要素，是驱动数字经济发展的新"石油"。要构建以数据为关键要素的数字经济需要明确交易规则，完善数据权属界定、开放共享、交易流通等标准和措施，加快培育发展数据要素市场，通过激发数据要素交易流通，促进数据要素价值发挥。

4.3.1 数据要素市场现状

数据要素市场化是市场经济条件下促进数据要素市场流通的基本方式。随着大数据技术及应用的迅速发展，我国各地以多种形式开展了关于数据市场的探索和实践。2015 年 4 月，全国第一家大数据交易所——贵阳大数据交易所批准成立。在之后的几年中，武汉、哈尔滨、江苏、西安、广州、青岛、上海、浙江、沈阳、安徽、成都等地纷纷建立大数据交易所或交易中心，提供数据市场化服务。目前，我国的数据交易机构已超过 20 个，均由各地政府或国家信息中心牵头协调，亚信数据、九次方大数据、数海科技、中润普达等一批数据运营服务企业提供技术和运营支持。

这些数据市场化机构作为大数据交易的先行者，不仅在实践中对规则尚不明确的数据市场化进行了有益的探索，而且尝试着制定数据市场化的相关规则并付诸实践，积累了经验和教训，也取得了初步成效。以贵阳大数据交易所为例，它先后制定了《数据确权暂行管理办法》《数据交易结算制度》《数据源管理办法》《数据交易资格审核办法》《数据交易规范》《数据应用管理办法》等一系列交易规则，尽管在具体实践中仍存在较多争议，但这种勇于探索的精神还是值得充分肯定的。

4.3.2 公共数据开放与共享

数据开放一般是指公共管理和服务机构面向自然人、法人和其他组织提供具备原始性、可机器读取、可供社会化再利用的数据集的公共服务，其中政府数据开放是公共数据开放的重要组成部分。开放公共数据一般具有完整性、原始性、及时性、可获取性、机器可读性、非歧视性、非私有性、开放授权性的特点。通过公共数据开放，有助于增强政府透明度、公信力，提升公众获得感、参与度，激发社会化力量开发利用公共数据，完善数据要素市场化配置。通过对公共数据资源开发利用，有助于释放和提升公共数据资源价值。

数据已成为国家基础性战略资源，我国在大数据发展和应用方面已具备一定基础，拥有较好的市场优势和强劲的发展潜力，但也存在政府数据开放共享不足、缺乏顶层设计和统筹规划、法律法规建设滞后、创新应用领域不广等问题亟待解决，公共数据开放已成为各国发展大数据的重要战略举措之一。由于具有市场价值和基础支撑能力的数据大部分集中在政府内部，因此本节讨论的数据开放主要围绕政府公共数据展开。

1. 公共数据开放的现状

我国持续发布数据开放共享政策措施，不断完善政策法规环境，对公共数据开放和信息资源共享提出明确要求和时间表。近年来，我国地方政府非常重视数据资源开放共享，各地的数据开放和利用水平不断提高，根据"中国开放数林指数"①报告显示，2020 年省级综合排名中浙江、上海、山东、贵州、广东综合指数较高，地级（含副省级）综合排名中深圳、温州、青岛、贵阳、济南综合指数较高。综合来看，东南部沿海地区数据开放水平较高，中西部的贵州省、四川省以及贵阳市和成都市也表现相对优秀。

（1）政策和标准不断出台。截至 2021 年底，共有 40 多个地方政府出台了与数据开放紧密相关的政策法规，如《上海市公共数据开放暂行办法》《浙江省公共数据开放与安全管理暂行办法》《贵州省政府数据共享开放条例》等，为公共数据开放工作开展提供了依据。公共数据开放相关标准规范陆续制定并出台，如国家标准《信息技术大数据政务数据开放共享第 2 部分：基本要求》（GB/T38664.2—2020）、地方标准《公共数据开放第 1 部分：基本要求》（DB37/T3523.1—2019）等，为公共数据开放工作的标准化和规范化提供了依据。越来越多的地方政府将公共数据开放列为常态化工作，制定年度工作计划，有序推动公共数据开放。

（2）数据开放数量和质量持续提高。截至 2021 年底，我国公共数据开放有效数据集超过 10 万个，开放数据总容量超过 20 亿条，其中，山东省各市开放有效数据集数量较高，浙江、温州等地开放数据容量较高。但各地开放数据集总量、开放数据容量存在显著差异。开放数据集主要覆盖社保就业、经贸工商、社会民生、财税金融、信用服务、教育科技、资源环境等主题，主要来源于统计、市场监管、农业农村、教育、人社、住建、交通运输等政府部门。同时，自新冠肺炎疫情暴发以来，各地公共数据开放平台开设疫情数据专题，将卫生健康类数据作为开放的重点。数据质量方面，部分地方仍存在高缺失、碎片化、低容量、数据重复、包含隐私信息等问题，同时部分数据未能及时更新，存在数据利用价值低等问题。

（3）数据开发利用和生态培育水平稳步提升。数据创新创业大赛是各地推进开放数据利用的重要方式，如山东省数据应用创新创业大赛、浙江数据开放创新应用大赛、上海开放数据创新应用大赛、上海图书馆开放数据竞赛等，对营造良好的公共数据开发利用氛围、解决政府部门公共服务中的难点痛点问题、加快培育数据要素市场化配置、充分释放公共数据价值具有重要意义。从数据开放平台展示成果来看，有效利用成果数量不断增多，但成果质量还有待进一步提升。为培育公共数据开放利用生态，部分地方围绕公共数据，联合高校、科研机构、大数据相关企业等，开展多种方式的利用活动。

---

① 中国开放数林指数是我国首个专注于评估政府数据开放水平的专业指数，由复旦大学数字与移动治理实验室推出，自 2017 年 5 月首次发布以来，每隔半年对我国地方政府数据开放水平进行综合评价。

2. 公共数据开放亟待解决的问题

尽管我国公共数据开放取得了明显进展，但是仍然存在数据质量不高、实用价值不强、应用成效不突出等亟待解决的问题。为此，有必要参考借鉴发达国家数据开放的经验做法，促进我国公共数据开放工作提质增效、服务数字经济发展。

（1）解决数据实时性不高的问题。

目前的公共数据普遍存在数据质量不高、数据价值低、可读性差等数据自身问题，还存在促进社会公众办事创业中的实用性不高等应用数据问题。首先是部分存在"形式开放"问题，涉及核心业务办理、社会公众迫切需求的数据较少，实用性较强的公共数据开放程度不足，无法满足社会公众的迫切需求。存在"有目录无数据""有数据无价值"的情况；其次是数据更新不及时，各地政务数据开放网站开放的数据普遍周期较长，部分地方平台没有及时更新数据；最后是开放评价不到位，现有第三方评价工作缺乏权威数据支持、影响力不足，不能全面反映用户的真实体验，难以发挥"以评促改"的作用。

（2）解决数据开放平台不够完善的问题。

我国公共数据开放平台尚处于建设阶段，建立数据开放网站的中央政务部门还很少，部分地方建立了省级、地市级数据开放平台，但是平台建设总体良莠不齐，未能形成标准统一、互联互通的公共数据开放平台体系。同时，仅有 2.4% 的地方平台提供了数据请求功能且公开了用户的数据请求，仍有 37.8% 的地方平台未提供此功能，互动平台功能多数未能显现。此外，各地数据开放平台并未实现数据库的有效连通，各数据库之间的技术标准不同、基础设施重复建设等问题更是加大了公共数据汇聚的成本，增加了用户获取数据的难度，影响了用户体验。

（3）解决长效机制持续加强的问题。

近期正式颁布实施的《数据安全法》《个人信息保护法》等法律法规对公共数据开发利用提出了新的要求，各级政务部门数据开放工作还不完全满足数据安全法的要求。首先，我国目前仍无专门的数据分级分类指南、数据安全保护细则、元数据治理规范等管理规范条例。其次，标准化水平仍需提升，尽管国家颁布了《政务数据开放共享》等相关标准，但是由于实践在标准颁布之前，各地在推进公共数据开放中尚未遵循相关标准要求优化工作，标准落地见效有待加快。最后，数据开放授权机制仍未建立，有效规避和控制涉及个人隐私，数据安全的潜在风险存在困难，数据开放中的很多具体操作性问题都有待解决。

3. 促进公共数据开放与共享的思路和举措

目前，我国正在加快公共数据开放相关管理办法、实施细则、标准规划等的制定，规范公共数据开放平台管理、数据目录编制、开放数据治理、数据开放利用、数据安全管理等工作，使各地数据开放工作开展有据可依，公共数据开放与共享正在有序推进。此外，仍需要从以下几个方面进行突破。

（1）加快完善"多源统一"的数据资源体系。

在推进公共数据开放工作时应注重以社会公众的实际需求为依据，并及时确定数据开放的范围和内容，逐步形成了多源统一的数据资源体系。在数据源方面，率先开放包括天气、农业、消费、生态环境等与社会公众需求契合度较高的数据集；在开放原则方面，为了满足社会公众、科研机构、企业组织等部门的数据需求，坚持"除例外均开放"的原则，除非有相关法律规定无法开放的数据，其他数据原则上均需开放；在数据开放接口方面，数据开放网站的单项数据查询、主题数据查询、程序接口查询等作为标配功能，可满足不同的需求场景；在数据格式方面，开放的数据集包括 PDF、XLS、XML、HTML、RDF 等多种可机读性的数据格式，并突出强调对原始数据集的开放。

（2）加速建立"多管齐下"的安全保障体系。

我国的相关法律法规、技术标准、数据许可协议机制等陆续出台，为公共数据开放可能引发的个人隐私、商业秘密、国家安全等潜在风险提供了基本遵循。但还需要从数据源头出发，制定元数据治理标准等一系列数据开放的技术标准，有效规范数据开放行为。同时建立较为细致的开放许可协议机制来规范开放工作，不断提升数据开放工作的精准化、可控化水平。

（3）不断完善"多方参与"的评价激励机制。

加速构建多方参与、客观公正的公共数据开放评价激励机制，不断优化完善数据开放工作。在评价体系方面，制定元数据质量评估体系，评估和监测各地方数据开放工作执行情况；在评价指数方面，定期以数据需求方和使用方为调查对象，构建公共评价指数模型对数据开放成效进行评价；在社会参与方面，让数据应用企业和机构等参与评价，围绕如何更好开放和利用数据展开交流，并收集社会公众和组织机构的使用反馈，不断完善数据开放平台的功能和数据资源。

4.3.3　完善市场化规则，促进数据要素流通

我国应在总结各地实践探索经验与教训的基础上，充分考虑数据市场化的独特性，坚持"在实践中规范、在规范中发展"的原则，以促进数据流通、加快发挥数据在各个行业中助力提质增效作用为出发点和目的，建立全国范围的数据市场化法律法规和监管框架，积极培育数据服务新业态，推动我国数据市场快速健康发展。

1. 明确可市场化数据的范围，扩大合法、可市场化数据的源头供给

数据市场化的核心在于可交易数据和不可交易数据的清晰界定。世界各国实际上都没有采取传统的"先明晰产权，再发展交易"的模式，而是在规范数据采集、处理、隐私和安全保护等行为的基础上，明确数据对象，提供可市场化的数

据源，优先实现数据的合法上市。我国可借鉴欧美经验，将"来源合法的非个人数据"作为可交易对象，为市场提供充足、合法、可市场化的数据源。"非个人数据"包括组织、物和事件的数据，以及经过处理后无法识别特定个人且不能复原的数据等。我国近几年的司法实践也在事实上明确了企业对基于合法获得数据形成的数据衍生产品享有财产性权益。不可交易数据则是未经过处理的可识别个人的数据，为保护个人隐私和安全，任何可追溯到个人身份信息的数据在当前阶段都应被禁止进行上市。

2. 明确数据市场化规则，让市场主体遵循规范

目前，我国尚未制定专门的数据流通利用的法律法规，数据流通利用的条件和规范等规则不明确。尽管我国《网络安全法》对个人信息使用做了"经过处理无法识别特定个人且不能复原的除外"等规定，但"经过处理""无法识别""不能复原"等语义概念存在模糊性和不确定性，界定标准缺位，实践中难以执行。应制定数据流通利用管理办法，明确数据保存、转移、去识别处理、再识别、再转移限制等规则，以及数据处理"无法识别特定个人且不能复原"的法律标准，为数据合规安全上市交易提供支撑。明确数据市场各参与方的权利、责任和义务，保障数据流通安全和使用可控，做到"责任可追溯、过程可控制、风险可防范"。建立全国统一的数据标准体系，包括数据主体标识、数据维度、数据使用约束等。

3. 明确数据市场监管机构，保障数据市场"有序交易"

数据市场需要政府适度监管，以确保交易合规。美国由联邦贸易委员会对数据经纪人进行监管；欧盟的欧洲数据监管局和成员国数据监管机构负责数据交易监管，监管部门采取自愿认证方式，设立了一批从事数据处理监管的第三方专业机构，授权专业机构对数据处理者进行监控，以规范数据服务市场。我国数据交易涉及市场监管、公安、工信、网信等多个部门，由于监管责任不清、系统性和专业性不足，数据市场监管事实上处于缺位状态。市场准入、交易纠纷、侵犯隐私、数据滥用等"无人管理"，非法收集、买卖、使用个人信息等"灰""黑"数据产业长期存在，数据市场秩序不佳。为此，应明确数据市场主要监管部门及其监管的法律依据和职责范围；对数据市场服务机构或平台进行监管，对数据市场行为和应用进行规范化管理；建立数据流通利用安全风险防控和数据交易维权投诉机制，打击非法数据交易。

4. 积极培育数据服务新业态，推动数据市场良性发展

经过近年来的试点探索，我国数据市场得到了初步发展，产生了一些从事"交易中介+加工分析"服务的新业态，有效促进了数据交易流通。一些新兴机构和企业通过数据聚合、融通、去识别处理、分析挖掘等新型服务方式，针对需求对数据资源进行开发利用，在交易效率提高的同时降低了安全风险。应支持和鼓励现有区域性交易平台发展数据服务，成为兼具技术、信息安全和法律保障等功能

的数据交易服务专业机构。在加快政府数据开放的过程中，鼓励以专业化的数据服务机构作为开放出口或平台，以实现数据价值的社会化利用和数据安全的机制化保障。将数据服务业纳入现有高新技术企业、科技型中小企业优惠政策的支持范围，引导政府参股的创投基金适度增加对数据服务的投资。支持各类高职院校开设数据服务相关专业或培训课程，培养数据服务人才，为数据交易提供人才支撑。

4.3.4　打通数据要素流通路径的经验

1. 成都的经验和做法

当前，数据已成为国家战略性基础资源和新型生产要素。如何挖掘、培育、释放数据价值，惠之于民，服务于民，成为各地普遍关注的重点。但受限于数据权属、定价等问题，数据要素向社会赋能一直未能形成行之有效的路径。面对这一难题，成都率先破局。

（1）构建"公共数据运营、科学数据共享、社会数据融通"的数据要素流通体系。

针对不同数据要素的价值挖掘和流通需求具有不同特点，成都市按照城市数据资源的主要类别，构建了"公共数据运营、科学数据共享、社会数据融通"不同路径的流通体系。在公共数据领域，自2017年起，成都开始探索"政府数据授权运营，开展市场化增值服务"的公共数据流通路径。机制上，授权市大数据集团开展"政府数据授权集中运营"，并率先出台《成都市公共数据运营服务管理办法》，对政府数据授权运营做出制度安排。技术上，搭建成都市公共数据运营服务平台，打通政企数据通道，以企业需求和应用场景为驱动，运用领先技术手段，向企业和公众提供公共数据资源"可用不可见"的市场化增值服务，打破数据资源确权、定价依赖限制，在保证人民群众隐私和数据安全的情况下，实现数据要素价值的充分释放，开创了公共数据流通的"成都模式"。

在科学数据领域，成都积极探索科学数据专业化运营之路。与公共数据的痛点不同，科学数据虽价值大、开放程度高，但其整理、汇聚始终是困扰各大城市的一道难题。为此，成都在整合成都科学数据共享和科学数据竞赛平台的基础上，依托成都超算中心自身"数据可信、计算可控、运行创新"的特点，创新建设"超算中心+数据中心"的融合应用模式，构建成都超算生态产业链，聚合科学数据要素，形成科学数据资源池，为全球顶尖科研人才和机构提供科研支撑。

（2）新技术+新范式破解数据流通与安全可信互斥难题。

数据安全是数据要素得以流通的基线，同时也是公众关注的焦点。由于数据归属于不同主体、存在于不同机构，具有碎片化、易复制、扩散快、难溯源等特征，这为数据作为一种基本要素达成流通带来了巨大的挑战。"安全可信"和"数据流通"之间的互斥问题，是当前全国乃至世界范围内的数据要素流通领域的难题。如何解决这个问题，成都提出了"数据+算力+算法"的数据安全流通范式。一方面，通过构建可信应用云，运用区块链、多方安全计算等新兴技术，成都创新性地将隐私安全技术真正运用于政企数据融通工程，解决数据要素流通与隐私安全之间互斥的普遍难题。另一方面，成都超算中心的强大算力，可有效解决在高频应用场景中基于密码学的隐私计算效率较低、服务响应慢的难题，将隐私计算推进实际进入产业应用。通过提供"数据不出网、价值出网、数据融合"等多种服务模式，打通数据供给侧、数据需求侧的各类业务场景。

（3）加速价值释放，以数据向产业赋能、赋值、赋智。

截至 2021 年 4 月，成都市公共数据运营服务平台已接入政务数据 196 类 1.03 亿条，上线数据服务产品 98 个，数据产品囊括了车辆交通、奖惩信息、企业管理、医疗健康、证照核查、住房建设等多个领域。同时，平台已支持应用场景 40 余个，通过数据赋能，帮助一大批企业改善服务、创新产品、繁荣生态。

例如，在 CA 认证服务领域，彻底改变了四川 CA 中心多头找三方数据支持核验的痛点，降低了 30%的数据使用成本，大幅改善电子证书办理效率和客户体验，切实助力营商环境优化提升。在企业内控服务领域，帮助成都智审数据公司提供企业内控大数据服务，开展企业用户精准画像、企业经营风险识别，助力企业将审计前置，共建依法合规的市场秩序，帮助企业数字化转型。

在普惠金融服务领域，以数据要素流通赋能成都市产业功能区建设，创新性构建"线上+线下"双轮驱动的普惠金融服务模式，基于企业授权数据和专业顾问，提升中小微企业贷款的高效便利性、可得性、普惠性。在成都武侯电商产业功能区试点不到三个月，就帮助数十家企业成功融资 6000 余万元。可见，成都以"公共数据运营、科学数据共享、社会数据融通"为突破口，支持各行各业构建数据开发利用场景，极大促进数据要素价值释放，培育数字经济新动能，为我国数据要素市场化配置改革探索提供了宝贵的经验。

2. 上海的经验和做法

2021 年 11 月 25 日，上海数据交易所在上海浦东新区正式揭牌成立。数据交易所是支撑数据交易的核心数字基础设施，根据 2022 年 1 月 1 日正式生效的《上海市数据条例》规定，上海数据交易所有两大职能：一是为数据集中交易提供场所与设施，二是组织和监管数据交易。与此前国内已设立的数据交易中心或数据交易所相比，上海数据交易所在以下方面有了一些突破。

（1）立法承认数据权益可交易，解决"确权难"。

上海通过数据立法首先为数据交易解决了数据权属的后顾之忧。《上海市数据条例》突破性明确了数据权益的交易机制，保障数据交易主体对其合法获取数据，合法处理数据形成的产品服务享有的财产权益，并保障其通过数据交易获取的财产权益。这意味着数据的财产权益得到了保护，承认数据权益可交易。与之对应的是，上海数据交易所首发全数字化数据交易系统，通过新一代智能数据交易系统，保障数据交易全时挂牌、全域交易、全程可溯。

（2）首发数据交易配套制度，上海数交所承担数据交易监管职责。

上海数据交易所在全国首发数据交易配套制度，率先针对数据交易全过程提供一系列制度规范，涵盖从数据交易所、数据交易主体到数据交易生态体系的各类办法、规范、指引及标准，确立了"不合规不挂牌，无场景不交易"的基本原则，让数据流通交易有规可循、有章可依，而上海数据交易所经政府授权承担了数据交易的监管职责。

（3）市场主体自主定价，数据资产化激活价值。

根据《上海市数据条例》规定，从事数据交易活动的市场主体可以依法自主定价；市相关主管部门应当组织相关行业协会等制订数据交易价格评估导则，构建交易价格评估指标。基于此，上海数据交易所首次提出"数商体系"，其数据流通交易生态涵盖了数据交易主体、数据合规咨询、质量评估、资产评估、交付服务等多个领域。首批吸纳数十家央企、地方国企、民企及外企成为数商会员，首批挂牌约100项数据产品，涉及电力、通信、金融、交通、消费、信息等多个行业和领域。例如，由国网上海电力自主开发设计的"企业电智绘"成为首单成交的数据产品。该产品可主要应用于银行和企业间的贷款对接场景，即电力公司在收到银行提供的相关企业授权证明后，运用一整套多维指标体系和评价模型，对基于《供用电条例》合法采集到的企业用电数据进行脱敏和深度分析，最终形成涵盖企业用电行为、用电缴费、用电水平、用电趋势等特征内容的数据产品，为银行在信贷反欺诈、辅助授信、贷后预警等方面提供决策参考。"企业电智绘"数据产品的推出，不仅能有效降低银行在贷前、贷中和贷后阶段甄别客户时的信息不对称风险和时间成本，同时也可以为企业申请信贷业务、享受普惠金融提供信用支撑，对促进金融资源合理配置、助力中小企业健康发展起到积极作用，具有较好的应用前景和市场潜力。此外，作为首批签约挂牌的数据交易主体，数库（上海）科技有限公司也通过上海数交所完成了量化集合资产管理领域首笔数据交易。

综上，通过上述几个方面的探索和实践，基于《上海市数据条例》的强大支撑，上海数交所的成立为交易各方提供了一个合法、规范的交易市场，把原始的场外交易变成了规范化的场内交易以提高交易效率，数交所在这个过程中确保数据权益不被滥用，保障数据产品的原创性，并不干预数据产品的定价。推动实现了基于供需双方的交易，从而实现数据治理和数据价值的释放。数据，只有流动起来才能产生价值；交易，是数据流动的必要条件。上海已在完善多层次数据交易流通机制和推动数据的合理合规流通中，促进数据的价值得以放大和体现，成为用市场化运营激发数据价值的一个典型案例。

3. 江西抚州的经验和做法

当前，我国正加快培育数据要素市场，促进数据要素价值释放，各地积极开展探索。2022 年 2 月，全国首个基于"数据银行"的政务数据授权运营模式落地江西抚州。抚州将"数据银行"定位为数据价值化、资产化、市场化平台，实现数据的供需拉通，打造赋能数据要素融通创新的数字经济基础设施。探索出一条数据要素市场化的创新模式，通过"建平台—引生态—促应用"三部曲加快推进数据价值化，释放数据红利。"建平台"即搭建"数据银行"平台，推进跨部门、跨层级、跨地域数据互联共享，汇聚形成抚州市城市数据资源池；"引生态"即依托数据银行平台推进数据招商，以高质量数据的开放吸引数据开发和应用的相关厂商入驻数据银行、落地抚州，打造数据产业链；"促应用"即结合市场需求开展数据应用场景建设，开发数据产品，通过数据赋能推动产业数字化和信息化项目建设。

抚州"数据银行"的整体架构是在政府监管之下开展数据运营业务，通过搭建数据银行平台，实现数据的低成本汇聚、规范化确权、高效率治理、资产化融通及全场景应用。抚州"数据银行"采用类银行的模式，对数据进行价值挖掘应用、隐私安全保护以及数据产品的融通，为数据提供者、数据需求者和生态技术服务商提供数据产品、交易撮合和数据融通安全服务。

目前，"数据银行"已汇聚金融、医疗、农业、交通、文旅等运营场景所需的工商、司法、税务、社保、公积金、电力、能源等 30 余家政府委办局共计一千五百余张表格，约 16 亿条政务数据，实现了数据按日、按周、按月的稳步更新。通过政务数据深度挖掘，"数据银行"已经开始为各行业进行赋能增值，现已上架了包含身份信息认证、企业工商信息查询、涉诉信息查询等 25 项标准化数据产品，构建了商保直赔、三农信息助贷、精准农业气象服务、慢病健康管理、组学数据受托存储与运营、交运碳中和等 20 余个数据运营场景。在产业赋能、企业服务、便民服务中发挥了重要作用。同时，运营团队联合多家高校、科研机构联合发布了《"数据银行"服务指南》、《"数据银行"合规指引》等合规性文件，指导和规范"数据银行"的运营管理。

"数据银行"是数据要素市场化配置和价值化实现的动态新机制，对构建数据要素驱动的新型区域创新生态系统具有重要探索性和引领性价值。"数据银行"模式运用整合式创新的思想，整合了数字技术创新与数字商业模式创新，高效协同驱动培育新兴业态，能够加速实现数据赋能政府治理、产业发展、招商引资和投资孵化等开放发展生态，以数据流带动商流、物流、人才流、技术流和资金流，实现数据资源全面、迅速、智能融合共享和创新应用，成为产业创新的孵化器、经济发展的加速器、城市转型的腾飞器。抚州市基于"数据银行"的政府数据授权模式落地并投入运营，是中国区域性政务数据价值化实现的代表性实践成果，对探索我国统筹政务数据安全与区域数字经济高质量健康发展的新模式具有重要的理论和实践意义。

4.4　数据要素产业发展情况

当前，世界正经历百年未有之大变局，随着数字经济发展热潮兴起、数字中国建设走向深入、数字化转型需求大量释放，我国大数据产业迎来新的发展机遇期，特别是突如其来的新冠肺炎疫情为各行各业带来了前所未有的挑战。然而，危机之中，数字化技术驱动的技术和产业变革仍加速发展，大数据技术、产业和应用逆势而上，数据的作用在助力疫情防控和复工复产中大放异彩，"数据驱动"的价值更加深入人心。大数据是新时代的"数字宝矿"，是当今世界最有价值的战略资源之一。全球大数据正进入加速发展时期，技术产业应用创新不断迈向新高度，我国大数据发展也正在快车道上不断前行。

4.4.1　数据产业发展稳中向好

（1）党和政府高度重视。我国将发展大数据上升为国家战略，持续深入推动。这种持续性的方向引导和顶层设计，使我国在大数据发展规划布局、政策支持、资金投入、技术研发、创新创业等方面均走在了世界的前列，尤其是在应用市场上。

（2）大数据产业规模逐步壮大。我国大数据软硬件自主研发能力正在提升，新兴专业化大数据企业创新活跃，我国独有的大体量应用场景和多类型实践模式，促进了大数据领域技术创新能力处于国际领先地位，技术产业快速壮大，处理海量数据的大数据硬件、大数据软件、大数据服务产品不断涌现，大数据与实体经济各产业领域加速融合，已构建起覆盖数据采集、存储、处理、分析、应用和可视化的大数据产业链。据工业和信息化部发布的《"十四五"大数据产业发展规划》，"十三五"时期，我国大数据产业规模年均复合增长率超过30%，2020年超过1万亿元，发展取得显著成效，逐渐成为支撑我国经济社会发展的优势产业。

（3）融合应用蓬勃发展。互联网大数据、金融大数据、电信大数据成为占比较大的三类大数据行业应用，政务、公安、交通、扶贫、司法、统计、税务、食品药品监管等政府大数据应用不断涌现，教育、医疗等民生大数据应用日益活跃。此外，与大数据结合紧密的行业正在从传统的电信业、金融业扩展到健康医疗、工业、交通物流、能源、教育文化等行业，应用脱虚向实趋势明显。

（4）数据资源内容丰富，数据共享开放流通持续推进。人人互联向万物互联的格局形成，新形态不断出现，零售、医疗、交通、能源等率先沉淀大数据资源。据国际研究机构公布数据显示，2020 年，全球数据量达到了 60ZB，其中，中国数据量增速迅猛。预计 2025 年中国数据量将增至 48.6ZB，占全球数据量的 27.8%。同时，全国省级、副省级和地级政府积极上线数据共享开放平台，互联网数据、行业数据以及企业数据资源建设加快推进，社会数据资源不断积累，贵阳大数据交易所、上海数据交易中心等陆续建成并投入使用，百度、京东、数据堂等企业纷纷建立数据交易平台，数据流通机制逐步建立。

4.4.2　数据产业发展前景广阔

随着"互联网"的不断深入推进以及数字技术的不断成熟，大数据的应用和服务将持续深化，大数据发展前景广阔。市场对大数据基础设施的需求也在持续升高，从而持续促进传统产业转型升级，激发经济增长活力，助力新型智慧城市和数字经济建设。主要发展趋势体现如下。

（1）产业大数据将成为实体经济数字化转型的关键动力。随着数字技术日益成熟、数据融合持续深化和应用场景不断落地，我国大数据产业迎来新的发展机遇期，大数据行业应用逐步从消费端向生产端延伸，从感知型应用向预测型、决策型应用发展，面向互联网、金融、电信、工业等领域的大数据服务将实现倍增创新，将呈现出互联网大数据应用进入强监管时代、金融大数据向智能化共享化方向演进、电信大数据迎接 5G 时代到来、工业大数据需求旺盛、能源大数据基础建设加快推进的态势，大数据与特定行业应用场景结合度日益深化，应用成熟度和商业化程度将持续升级。

（2）以人为本的政用和民用将持续深化。随着政府生产和拥有的数据资源规模日益庞大，越来越多的地方开始重视政府大数据的建设和发展，智慧城市、平安城市、城市大脑、互联网政务等建设需求的旺盛，将提升对政务服务、政府治理和民生服务等建设的需求。未来几年，随着各地政务大数据平台和大型企业数据中台的建成，数据治理、数据资产、数据共享与开放等将成为焦点，将促进政务与民生领域的大数据应用再上新的台阶。

（3）自主可控的大数据产业生态将逐步构建。在中美贸易摩擦加剧态势下，随着数据量的爆炸式增长将带来丰富的数据分析和应用需求，服务器与部件、虚拟化、存储、数据库、中间件到大数据平台、云服务、大数据应用等将得到政府的重视，将构建起自主可控的大数据产业链、价值链和生态系统。

（4）大数据领域创新创业活跃。在海量数据供给、活跃创新生态和巨大市场需求的多重推动下，大数据领域创新创业活跃，阿里、腾讯、百度等龙头企业"强者恒强"，具有创新力和发展潜力的大数据独角兽企业增长势头强劲，国内大数据企业将持续深耕行业业务和特定应用场景需求，积极拓展面向融合应用的大数据解决方案，金融、医疗、旅游、教育、制造业等领域将成为企业布局的主要方向。

数据隐私保护将兼顾发展与安全。在个人信息数据的使用和保护之间积极寻找平衡点，在隐私得到有效保护的前提下充分发挥大数据的应用优势，推动数字产业发展。数据垄断导致的数据"黑洞"现象、数据和算法导致的人们对其过分"依赖"及社会"被割裂"等伦理问题，以及"爬虫调查风暴"等热点事件将倒逼法律法规和治理体系的完善，以适应新的治理场景。

（5）大数据产业的高质量发展和新基建的高水平推进，关键有赖于作为市场主体的工业企业自身的数字化、智能化。这是工业企业在整个新型工业化时代"踩准步、跟上点"的必要之举。在这其中，新数据智能又是企业数字化变革的驱动力。通过驱动企业推动供给侧结构性改革，从而助力新基建的高水平实施。

4.4.3　大数据行业应用亮点纷呈

大数据作为"数字经济"发展中的支撑性技术，不仅助力了数字产业化的发展，而且同步带动了产业数字化的转型，迎来了新一轮发展机遇。赛迪顾问研究显示，从行业结构来看，当前，互联网、政府、电信和金融四大行业的大数据应用持续火热，合计占比将近80%；工业大数据未来增长潜力大，已形成部分明星应用场景，但市场仍需持续培育；健康医疗大数据仍处于科研和技术研发阶段，市场化尚不成熟。

（1）"数据资源整合"和"垂直化"成为互联网大数据应用机遇所在。从2019年开始，移动互联网逐步进入存量流量竞争阶段。与此同时，企业获客成本持续升高、流量价格高涨、叠加经济下行、广告主预算下降，以网络广告为代表的互联网大数据应用逐步进入"精细化深度运营"阶段。一方面，百度、阿里、腾讯和字节跳动垄断了绝大多数头部流量，"马太效应"日益显著。在此背景下，凭借新平台构筑流量和数据，进而寻求变现的传统模式已不再可行；除了与头部企业开展数据合作提供服务以外，立足于特定垂直领域，"打造专用应用并提供服务"成为构筑独有流量并落地变现的可行方式，但难度仍旧较大。另一方面，网络广告企业开始围绕"线上数据+线下（实体场所）数据"和"大数据+小数据"开展数据资源整合。例如，整合线下汽车4S店、机场航站楼、超市、零售小店等线下精准场景数据，在此基础上叠加线上数据，有助于开展更为精准的营销投放，提升转化率；再例如，结合线下小规模受众调研，验证并优化规模化的线上推广策略，同样提升了转化率。未来短期内，网络广告仍将是互联网大数据应用中最成熟的场景，相关企业在积极拥抱人工智能和云计算等新兴技术的同时，拓展落地上述两方面的"精细化运营"策略，将成为该细分领域的机遇所在。

（2）"监管类应用"和"数据治理"成为政府大数据建设重点。政府大数据与各级地方政府倡导建设的数字政府和数字社会紧密相关，用以提升政府执政效率，构建良好的城市营商环境。从已发布的各类规划和行动计划来看，政府数据治理和监管类应用是政府大数据的建设重点。在数据治理方面，政府的基础数据库、主题数据库、数据中台、大数据平台和数字资产管理，以及与此相关的电子政务内外网、政务云将持续推进。在监管类应用方面，与社会治理相关的城市数字平台（城市大脑）、数字交通、数字信用体系、社会治安防控、平安城市、应急管理系统建设是热点，用以全方位提升政府的社会治理能力和市场监管水平。如何依托上述两大类业务，推动各级政府部门之间的业务协同和创新，破除"重建设、轻应用"的传统意识，在健全数据基础设施（数据中心和网络设施等）的同时，结合政府具体业务场景，探索拓展数据服务和应用是政府大数据的机遇所在。

（3）"数据融合"和"生态建设"成为电信大数据的主要发展方向。随着人口红利的消失，运营商持续面对提速降费的业务压力，如何压缩成本、加速创新、在"存量用户市场"上开展竞争成为关键问题。三大运营商从 2010 年便开始布局大数据平台建设和应用，10 余年来积累了丰富的大数据技术经验和海量数据资源。未来，各运营商将从两方面持续推动业务创新和转型。一方面是遵循电信运营商业务集中化的大趋势，整合优化运营商两级大数据平台架构，通过技术手段兼顾集团层面对大数据平台的一致性需求和地方层面对大数据平台的个性化需求。与此同时，持续落地业务域–运营域–管理域（business support system-operation support system-management support system，B-O-M）三域数据融合，创新数据应用场景，鼓励以数据驱动管理和服务。另一方面是大幅拓展异业合作，瞄准国内政企市场，将自身的大数据能力、云服务能力、网络能力拓展延伸，凝聚一批合作伙伴，探索建设以运营商为核心的覆盖终端设备、网络和数据服务的新生态，为新型智慧城市建设和数字城市建设，以及企业数字化转型创造有利条件。

（4）"风险管控"和"跨界合作"成为金融大数据的核心应用场景。金融大数据作为金融科技领域的核心力量，持续为各类金融业务的效率提升和决策辅助提供支撑。随着中国"一委一行两会"的金融监管新格局形成，意在治乱象，防范化解金融风险的"严监管"将成为常态。据不完全统计，2019 年，证监会及地方证监局已开出 292 张罚单；2019 年，银保监会及各地银保监局、分局共开出罚单超过 4500 张。2020 年，风险管控和跨界合作是金融大数据的两大应用主题。在风险管控方面，从三个子领域着手，具体包含利用数字技术开展多维度企业信用和个人信用评价，降低信用风险；优化资产评估和定价，以及上市公司估值，降低市场风险；落地打击非法集资、内幕交易和市场违规操作；以及洞察金融欺诈等应用，降低操作风险。在跨界合作方面，金融数据的广泛渗透性使其覆盖了大量交叉应用场景，金融数据被大量应用于企业供应链管理、商业行为分析，以及社会信用体系建设等领域，持续释放金融数据价值。

（5）大型和特色企业的小场景应用成为工业大数据的应用主线。工业大数据是对信息技术（information technology，IT）和运营技术（operation technology，OT）的有机融合，是传统人工操作经验的高效固化方式，也是智能制造的重要支撑。工业大数据的本质是工业企业用于降低企业运营成本、提升效益的信息工具。近年来，随着工业企业数据意识的上升，离散型制造业、流程型制造业和电力行业等相对成熟的大数据应用场景持续增多。未来，行业内的龙头企业或特色工业企业仍将是工业大数据的应用主体，大数据服务供应商倾向于从上述企业切入，而后向中小企业横向拓展。工业企业客户通常围绕降低成本和优化工艺等业务痛点环节开展数据服务，付费意愿较强，可以接受数据分析没有明确结论的执行结果。未来短期内，工艺质量优化（包括过程符合性评价、工艺参数调整等）、预测性维护、个性化定制、能耗管理等场景的需求将持续走高。从行业来看，离散型行业由于时间序列相对一致，分析难度小，其应用短期内仍将显著多于流程型行业。此外，多数工业企业对落地工业互联网相对谨慎，大中型企业会出于数据需求的考虑，逐步从应用端切入工业企业主数据流程梳理和数据治理环节，探索搭建数据管理平台。因此，当前工业大数据企业的业务机遇仍旧是围绕典型行业客户，持续丰富并积累数据服务经验，适度开展大数据平台和数据治理工作。

（6）健康医疗大数据商业化模式不清晰，信息化建设仍是发展主旋律。健康医疗大数据的商业模式不清晰，尚缺少规模化落地应用。一方面，辅助诊疗、基因检测、健康管理等应用场景大都停留在实验室和科研阶段，商业化变现模式不清晰，应用难以落地。另一方面，健康医疗大数据自身的问题限制了产业的发展，数据标准滞后、高质量数据少、数据权属不清晰、数据安全等根本问题均亟待解决。未来短期内，随着国家健康医疗大数据五大中心建成并投入使用，临床信息系统（clinical information system，CIS）、广义电子病历建设和评级、医疗云和医疗 SaaS 服务、医疗影像分析、医疗文本处理等应用将成为发展重点，市场规模将持续扩大。而诸如辅助诊疗、健康管理、医药研发等数据分析服务值得中远期持续关注。

4.4.4　政产学研用通力配合的发展格局基本形成

（1）着力加强攻关核心技术。必须抓住重点领域、关键环节和核心问题，找准着力点和突破口，要构建具有核心技术自主权的大数据产业链，形成自主可控的大数据技术架构，提高关键核心技术的自主研发能力，有效破解制约产业发展的瓶颈。

（2）着力推进数据资产管理。社会各界对数据应用背后的管理还不够重视，数据质量低、"数据孤岛"普遍存在，数据安全管理不到位，数据流通共享不畅的问题成为困扰大数据应用向前发展的障碍，为此，各方面都需要像重视实物资产一样重视数据资产的管理，为实现数据价值的持续释放打好基础。

（3）着力深化大数据行业应用。当前大数据行业中的应用主要表现在数据处理、用户画像以及企业管理效率优化等方面，下一步应重点推动大数据在更深层次与实体经济的融合，这需要鼓励大数据技术企业不断提升大数据平台和应用的可用性和操作便捷程度，优先支持面向各应用行业的产品、服务和解决方案的开发，简化大数据底层烦琐复杂的技术，方便大数据行业的部署。

4.5　数据市场化应用实例

1. 实例背景

几乎所有的网站管理者都需要掌握网站的流量、访客行为等分析情况，而通过分析百度庞大的数据集，可以得到权威、准确、实时的分析结果，帮助管理者优化网站，提升网站的投资回报率。主要包括下面几项需求。

（1）网站实时访问分析（行为再现）。随时查看关键词、访问路径、停留时长，及时知晓推广情况，巧用屏蔽功能，减少无效广告消费。

（2）优质搜索词建议（改进建议）。及时了解访客意图，优化推广页面内容，减少访客流失。

（3）转化漏斗细分（问题溯源）。筛查转化路径中每个步骤的转化情况，定位流失率较大页面，有针对性地改善问题页面，提升网站的转化率。

（4）提升投放转化率（推广对接）：对接百度推广，将转化效果作为推广排序的重要因素，提升高转化关键词排名，帮助广告主最低成本获取转化。

2. 数据产品方案

百度针对客户需求设计网站统计数据产品，将数据产品通过商业模式运作释放数据价值。主要包括下面几项方法。

（1）数据全面可信赖。基于百度强大的技术实力，提供丰富的数据报告，帮助客户全面了解自身网站情况，并确保客户网站数据的安全性、稳定性、实时性。

（2）自定义高级分析。结合百度大数据优势，新增"自定义指标维度""用户分群""用户洞察"功能，深入追踪典型用户行为，进行多维度即时分析。

（3）精准实时访客分析。提供精确的搜索词、设备属性、操作路径、使用信息等数据，帮助客户全面了解实时访客，一键屏蔽无效点击。

（4）PC+移动跨屏跟踪：针对"PC+移动"的全网跨屏时代，提供跨屏分析能力，看份额、看趋势、看行为，实现跨屏实时跟踪。

（5）打通数据优势：全面整合百度大数据产品资源，与用户画像、大数据营销产品无缝对接，为客户提供更便利的产品体验。

3. 数据产品方案

该数据产品的成功除了得益于企业自身庞大的数据资源外，还因为企业充分挖掘自身核心数据资产，发挥核心竞争力，以提升客户转化率为关键衡量指标，充分发挥渠道协同优势，将实体渠道、电子渠道、桌面端和移动端全部协同起来，并从广度和深度上打通数据，最大限度地挖掘数据价值。

第二篇　行业案例

分享数据要素实践经验，催生行业新模式新业态！

第 5 章　主数据管理类实践案例

主数据管理在企业信息化战略中处于核心和基础支撑地位，是将数据作为重要资产管理的思想和办法，是指一整套的用于生成和维护企业主数据的规范、技术和方案，以保证主数据的完整性、一致性和准确性。但在不同的行业和企业中，主数据管理的实践进展不尽相同，本章选取 5 个不同行业的企业立足自身实际、开展主数据管理的实践案例进行了介绍。

5.1　矿产行业大型国企主数据管理系统案例

主数据被称为企业中的黄金数据，也是企业中基础数据的重要组成部分。而基础数据质量的提升是企业整体数据质量提升的重要组成部分，基础数据质量的提升比交易数据和行为数据质量的提升更复杂，在企业数据管理中应当被重视和优先解决。本案例中，某大型国企针对企业存在的痛点，通过构建主数据管理系统，实现规范的主数据管理，从而有效提升了基础数据质量，促进了企业数据和信息资源共享。

5.1.1　案例背景

某大型国企属于矿产行业，集采、选、冶及深加工为一体，生产和销售铜精矿及其他有色金属矿产品、高纯阴极铜、工业硫酸、黄金、白银，并综合回收硒、碲、铂、钯、铟等稀贵金属，主要经济技术指标均为全国同行业领先水平。该企业的信息化工作起步较早，先后根据业务发展的需要，以实际业务为核心，从下至上地构建了企业资源计划、制造执行系统（manufacturing execution system, MES）、人力资源系统（human resources, HR）等，实现了各块业务的信息化。近年来，随着数字经济时代的到来，以及企业机构改革引发的需求井喷，在物资、设备、营销、财务等方面提出了强化信息化管控能力要求，需要各系统之间能实现数据交互，但因企业信息化建设初期缺乏统一的规划，各个业务中需共享的主数据被分散到各个业务系统中，导致企业内部、企业间的数据、资源不能共享。

从该企业前期信息化建设成效情况看，在主数据管理方存在以下痛点：一是分散管理的主数据不能就企业内一个主数据源达成一致，不能跨组织传播，由于缺乏一致性、准确性和完整性使企业普遍存在客户管理、供应商管理、产品管理等不力现象；二是数据质量问题引发的业务流程和交易的失败；三是不正确或丢失数据造成合规性和绩效管理的问题，使决策者基于错误数据做出错误决定。为此，本案例中该企业提出要通过建设主数据管理系统，加强主数据管理，推进业务数据的共建共享。

5.1.2 解决方案

针对企业主数据管理中存在的问题，规划建设主数据管理系统，通过建立主数据标准、主数据管理体系，并与 ERP、MES 等系统集成，实现对企业核心数据的有效管理和应用。具体建设包括数据分析平台、数据交换平台、数据清洗平台、数据质量管理平台、数据标准管理平台、数据生命周期管理平台和手机移动互联APP 的主数据管理系统，实现对主数据全生命周期管理。主数据管理系统总体功能如图 5-1 所示。

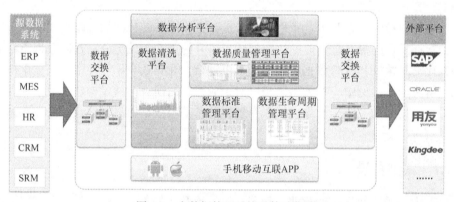

图 5-1　主数据管理系统总体功能图

主要方法和措施：一是通过数据标准管理平台构建主数据体系，建立企业的主数据管理组织机构，设置主数据管理岗位，明确职责和分工，制定管理制度、标准以及流程，综合组织机构、人员配备、制度流程三方面建立起完备的主数据管理体系；建立主数据标准规范，对各类主数据的标准和规范进行定义，从源头提高数据的质量和可用性。

二是通过数据交换平台统一各类主数据来源，梳理主数据范围，保证主数据入口的唯一性和准确性，打破原有数据分散、不一致的局面。

三是通过数据清洗平台、数据质量管理平台、数据生命周期管理平台、数据分析平台和手机移动互联 APP 的主数据管理系统进行主数据管理。通过专业化工具实现主数据校验、清洗；通过严格的管理流程，实现主数据创建、审批、发布、修改、冻结和失效等全生命周期管理以及数据字典的管理维护，确保数据的一致性、准确性、实时性和权威性。降低数据管理、维护、集成成本，提高主数据的质量，提供主数据服务，提升数据的高效利用。从企业层面上整合了现有系统中的客户信息以及其他主数据信息，实现对于客户、产品和供应商都通用的主数据形式，加速数据输入、检索和分析。支持数据的多用户管理，包括限制某些用户添加、更新或查看维护主数据流程的能力。集成产品信息管理、客户关系管理、客户数据集成以及可对主数据进行分析的其他解决方案。

5.1.3　应用成效

本案例完成了主数据管理的规划设计与定期规划，建立和完善数据管理体系，实现了企业内部各系统之间的主数据共享应用，同时，通过创新跨多个系统、多套数据的主数据共享模式，一是为信息化集成提供统一、高质量的标准数据，为管理决策提供有力支持；二是通过灵活的 MDM 解决方案，即多领域主数据管理，帮助企业实现与投资价值的最大化；三是基于完整、准确的信息增强企业管理和业务增长的能力；四是加速新的服务和产品的推出，简化业务流程；五是增强 IT 架构的灵活性，构建覆盖整个企业范围的数据管理基础；六是提高业务分析的准确度和企业管理的水平，满足法规的要求，降低业务风险。

5.1.4　案例小结

主数据管理的关键在于"管理"，主数据管理提供了一种科学的"数据"管理方法，使企业能够有效地管理存储在分布系统中的数据。本案例通过建设主数据管理系统，建立起完备的主数据管理体系，建立主数据标准规范，对各类主数据的标准和规范进行定义，从源头提高数据的质量和可用性，有效解决了企业在主数据管理中的痛点，实现了企业内部各系统之间的主数据共享应用，同时，通过创新跨多个系统、多套数据的主数据共享模式，有效提升了企业对数据的管理能力和应用效益，是企业通过主数据管理系统建设提升数据质量，促进数据共享应用的有益尝试。

5.2　集团公司物料主数据管理平台案例

主数据是企业信息化的基础，是信息共享和系统集成的桥梁。制定主数据标准则是实现数据共享的前提，也是主数据管理组织及流程顺利开展的关键。本案例中，某集团公司针对物料主数据存在一物多码等问题，通过建立一套全生命周期的物料主数据管理平台，以数据标准与制度二者为基石，以管理组织、流程和平台三者为实现手段，实现物料主数据全面高效的管理和共享应用。

5.2.1　案例背景

某集团公司是稳居中国企业 500 强前列的大型民营股份制企业，目前形成了以铝业、纺织服饰、西海岸新区、金融、地产、教育、旅游、健康、航空等为主导的多产业并举的发展格局。早年，集团建立了包括财务管理、资产管理、人力资源管理在内的多个信息系统，积累了一定数量的各类型数据。为充分发挥企业积累的数据对业务的驱动作用，需要对数据进行治理。而对数据的治理首先得关注影响业务的核心数据——主数据。工业企业中物料主数据的数量最大，也最关键。物料主数据贯穿于制造型企业设计、工艺、采购、生产、库存、物流、销售的各个环节。物料主数据反映了企业现有资源、现有生产能力和目前的工作流程。

然而，作为多元化大型集团，集团公司物料主数据一直存在的问题如下：一是物料描述缺乏规范性，由于人员操作不规范导致物料描述不正确，且有跨大中小类的编码现象；二是一物多码现象严重，物料申请人员对物料的命名缺乏专业性，导致相同物料有多个代码，影响库存管理和业务统计的准确性。为此，本案例中该集团公司提出要建立覆盖全生命周期的物料主数据管理平台，制定一套全集团所有业务板块通行统一的物资分类及编码标准，以支持业务集中管控发展战略与综合管理信息系统建设项目的需要。

5.2.2　解决方案

本案例中，为有针对性解决当前集团物料主数据管理中存在的问题，该集团公司通过调研分析，最终确定建立一套全生命周期的物料主数据管理平台，该平台以数据标准与制度二者为基石，以管理组织、流程和平台三者为实现手段，实现物料主数据全面高效的管理。同时，明确主数据建设的整体发展思路为以七大核心能力构建为支撑，以八大关键举措为手段，逐步实现国内领先的主数据管理建设。

该集团物料主数据管理建设的主要思路如图 5-2 所示，其中主要的内容涉及以下五大方面。

（1）组织规划：物料主数据管理组织建设。建立未来物资数据管理的基础能力，设置合适的标准化组织、流程机制与平台固化物资数据管理的工作。用来落实物料主数据管理的各项建设，包括各级组织机构、岗位、人员以及管理职责。其主要工作职责是制定准则制度、监督执行情况、主数据管理平台的日常维护及物料主数据相关业务的培训等。

（2）建立标准：物料主数据标准化建设。制定标准逐步规范统一全集团物资数据，主要是制定统一的物料主数据分类及编码方案，对集团的物料主数据分类及编码进行全面评估，统一全集团的物料主数据，打破行业壁垒。分别建立了物

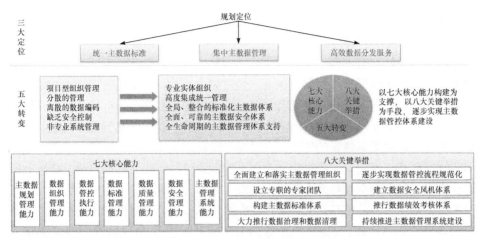

图 5-2 某集团物料主数据管理建设的主要思路

料主数据业务标准（编码规则、分类规则、描述规则等）、物料主数据模型标准（主数据逻辑模型和主数据物理模型），并形成了一套物料主数据代码体系表（物料主数据资产表）。物料主数据资产表是描述企业信息化建设过程中所使用的物料主数据代码种类、各类主数据代码名称、代码属性（分类、明细、规则等）及代码建设情况的汇总表；是企业物料主数据代码查询和应用的依据，同时也是物料主数据代码的全局性和指导文件。

（3）制度保障：物料主数据管理制度建设。物料主数据管理制度是其他项目建设的保障，用来规范物料主数据管理各项工作的具体实施，确保实施力度和效果。管理制度一般包括主数据标准化制度、主数据管理工作制度、绩效考核评估制度，三项制度共同推进主数据管理体系的日常管理和平台的建设维护。

（4）流程推进：物料主数据管理流程建设。对物料主数据的创建过程进行全面的把控，建立并实施各类主数据的申报、审批、校验、生成、变更、维护的全生命周期的业务管理流程，实现全面的数据管控，通过将具体的流程固化到主数据平台中来确保流程的实现。

（5）搭建平台：物料主数据平台建设。以主数据管理系统为基础，建立起集团统一的物料主数据管理平台，建立集中、统一、科学、规范的统一编码和标准属性库，使企业的物料管理规范化、标准化，为集团的进一步信息化建设打下坚实的基础。

5.2.3 应用成效

案例中该集团公司通过物料主数据管理平台建设，建立了满足各下属公司业务需要的物资分类和各属性字段标准规范模板，实现所有类型主数据在主数据管理平台中统一管控，最终通过集中的数据管理和全面的数据服务，实现高效的数据利用和可靠的数据质量。

本案例具体有以下两个方面的成效。一是物料主数据实施后，大幅度降低了物料重码率，为降低库存提供了保证。通过建立主数据的编码、属性、校验、规则的标准化应用体系，建立集团公司统一、规范的主数据应用标准、集成和服务标准；实现专业化团队的持续改进，完成由离散的、片面的数据编码到全局的、整合的标准化主数据体系的转变。二是满足快速定位及查询的需要，减少无效操作时间，提高工作效率。通过建立主数据管理系统，实现主数据申请、校验、审核、生成、发布的全过程动态管理，实现主数据标准和管控流程的系统固化；实现历史主数据版本的信息追溯；通过主数据自动校验，有效提升主数据质量；全面实现由手工、EXCEL 文件等分散的管理方式向全生命周期管理的信息化工具管理方式的转变。

5.2.4　案例小结

主数据管理标准体系是主数据管理工作的重中之重，通过主数据标准化，才能为实现部门和系统间的数据集成和共享、打通企业横向产业链和纵向管控奠定数据基础。本案例中某集团公司通过搭建物料主数据管理平台，建立标准规范的物料主数据业务和模型标准管理体系，构建物料主数据代码体系表（主数据资产目录），较好地解决了企业在物料主数据管理中存在的问题，实现了物料主数据全面高效的管理，促进了企业信息系统的集成、业务协同和信息共享。该案例在物料主数据标准化管理方面做出了积极探索和实践，具有一定的示范意义。

5.3　投资集团公司主数据管理实践案例

主数据管理是一个复杂的系统工程，涉及企业的多个领域，主数据管理实施要点包括主数据规划、制定主数据标准、建立主数据代码库、搭建主数据管理工具、构建运维体系及推广贯标六大部分，其中，主数据规划是纲领，是影响主数据管理成效的非常关键的一步。本案例中某投资集团公司通过编制集团主数据建设规划图，运用方法论并结合企业实际情况，制定主数据整体实施路线图，构建主数据管理系统，实现了数据同源、规范共享、标准统一、分类管理，提升集团主数据管理能力，促进各业务系统的数据共享和应用。

5.3.1　案例背景

某投资集团是国有重要骨干企业，具有基础产业（能源产业、交通产业等）、前瞻性战略性产业（先进制造业、大健康、城市环保、生物质能源等）、金融及服务业（证券、银行、基金、信托、保险、担保、期货、财务公司、融资租赁等）和国际业务（境外直接投资、国际工程承包、国际贸易等）四大战略业务单元。随着集团公司的快速发展，公司信息化经历起步、快速发展和优化改革阶段，信息化水平稳步提高，陆续建设并运行了 ERP 核算、预算管理、合并报表、经营管理、人力资源管理、资金管理、财务共享等 20 套大集中系统，较好地满足公司各业务快速发展的需要。但是随着集团规模不断扩大，对集团一体化管控能力的要求越来越高，与集团成员企业间的信息交互也越来越频繁，但由于各系统间数据标准不统一，造成不同系统间数据集成困难，各系统间无法实现快速高效的数据交互，难以满足集团对各层级、各类型数据抽取、转换、分析等管控要求，而且数据规范性较差，数据不一致、不完整的现象普遍存在，各系统数据分散，数据质量不高，难以满足集团构建综合数据平台的要求。为此，本案例中该投资集团提出要建立一整套主数据管理体系，建立数据标准和长效的数据管理机制，促进集团公司各业务系统数据共享。

5.3.2 解决方案

1. 调研分析项目推进中存在的难点

一是没有数据管理部门，项目立项困难。集团公司属于"小总部，大产业"投资管控企业，集团总部作为战略决策中心、投资决策中心、运营监管中心，负责公司发展战略、经营目标、对外投资等重大事项的决策，监督子公司、投资企业经营管理，提供支持服务。但从职能看，没有独立的数据管理部门，数据是由信息部门兼管，从 2011 年开始，经过了 4 年时间才真正推动集团内部立项。主数据建设是一个自上而下的工程，需要得到高层领导重视并牵头推进，从而保证主数据项目的愿景与企业的战略目标一致。

二是 IT 部门牵头，项目推进困难。投资行业主数据相对比较复杂，涉及很多部门和业务板块，集团公司共有 10 多个业务板块，涉及电力、交通、矿业、装备制造、生物、金融、国际工程等，下属投资企业 300 多家，业态基本是非关联性。而主数据涉及的业务部门比较多，协调难度大，又因为是底层的数据，项目效果短期很难体现出来，由 IT 部门牵头组织，在系统调研、部门协调及公司间沟通存在壁垒，是比较不好控制的部分，因此会给 IT 部门带来巨大的工作量，从而影响项目的建设和质量。

三是现有的系统正在运行，编码改造困难。现有集团各大集中系统（ERP、预算、合并、人力资源）间数据基本是点对点交互模式，其数据编码多样且历史数据量较大。筹备构建主数据会挑战现有的 IT 架构，各系统的主数据梳理、数据编码重构及映射困难，系统改造影响面会非常广。

四是非相关性业务板块多，数据管控方案落实困难。主数据管控方案的有力执行是确保主数据建立和质量的有效保障，集团公司现有电力、矿业、交通、生物、金融等行业，每个行业对数据治理的需求和方案都不同，如何减少差异化，运用统一的数据治理平台来支撑和推动主数据项目的落地还需要进行研究。

五是系统推广和数据贯标困难。主数据管理系统作为集团大集中系统之一，系统在推广应用过程中，需要有效地协调总部、子公司和投资企业的各部门，所需的人力、物力、财力较大，同时也会面临信息集成平台不统一、缺乏统一的治理和管控、用户抵触等问题。

2. 编制集团主数据建设规划图

针对建设推进中存在的各种难点问题，该集团公司编制了四阶段的主数据建设规划图，如图 5-3 所示。

图 5-3　集团主数据建设规划图

（1）初级发展阶段。

紧密结合信息系统建设，落实信息分类与编码，初建 MDM 系统。具体制定集团通用、交通专用数据标准；完成主数据管理系统建设；初建管理组织和制度流程。

主数据管理建设历程如图 5-4 所示。主数据管理建设历程包括：项目准备、现状调研与需求分析、体系构建与标准制定、数据清洗、平台建设上线、上线试运行及优化与运维。

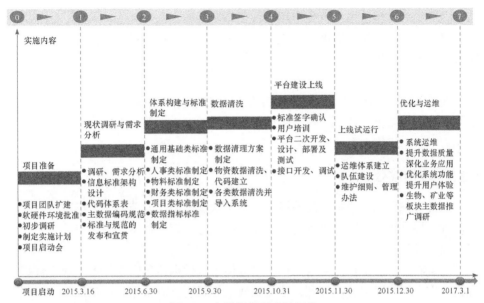

图 5-4　主数据管理建设历程

主数据管理平台包括系统支持、代码管理、业务功能和数据标准化管理平台四部分。其中,业务功能部分提供基本功能、数据建模、数据清洗、工作流管理、动态监控等功能。主数据管理平台架构如图 5-5 所示。

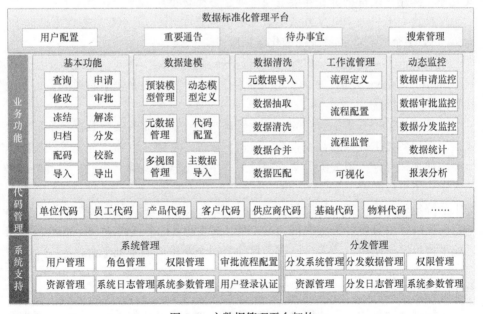

图 5-5　主数据管理平台架构

（2）推广实施阶段和深化应用阶段。

完善标准、组织、制度、流程，扩大集成范围，逐步推动数据标准在交通、矿业板块推广应用。

（3）全面落实阶段。

全面落实各项标准，深化标准在信息化建设中的贯彻应用。推动数据标准在集团其他板块推广应用，在主数据管理系统的基础上建成数据仓库和数据分析系统。

5.3.3　应用成效

通过实施集团主数据系统建设，实现了数据同源、规范共享、标准统一、分类管理，提升集团主数据管理能力，促进各业务系统的数据共享和应用，具体实现了以下成效。

一是制定了一套集团主数据标准管理体系和数据质量管理体系，成立数据标准化工作小组，纵横分级管理，建立长效工作机制，对数据标准化工作进行统一管理，从数据标准、信息代码库、管理平台、运维系统等多个方面建立完整的信息标准化体系。

二是设计了一套主数据标准，包括通用基础、财务、人事、内部单位、外部单位、项目、物料、数据指标、合同文档等 9 类集团通用主数据标准及港口基础、安健环、基建、设备物资等 4 类港口专业主数据标准。

三是建立了一批 100 余万条主数据标准代码库，定义了 400 余条数据指标项，为集团 10 多个核心业务系统标准化数据服务。

四是确定了一套数据接口标准，将数据转化为 XML 格式，通过数据服务总线（enterprise service bus，ESB）定时提取主数据信息，并将信息转换成目标系统接收格式进行推送。

五是搭建了一个集中管控的主数据管理平台，固化和落实主数据标准和管理体系，实现各类主数据的在线查询、申请、审核、变更、发布、分发等功能的全生命周期规范管理，极大提高了管理效率。主数据管理系统上线后，各类主数据的日常应用日益频繁，很好地支撑了公司信息化的发展，累计完成与总部 14 个大集中系统集成工作，完成接口开发 45 个，交通公司实现以主数据为源头经 ESB 向目标系统集中分发各类主数据，共梳理出 100 余万标准代码库，供 3600 多人在系统平台里操作使用，该平台已成为目前公司非常重要的基础平台之一。

5.3.4　案例小结

主数据规划是构建主数据管理体系的第一步，也是非常关键的一步，规划将提供一系列方法和流程来保证企业核心数据的准确性、完整性和一致性。本案例中，某集团公司通过制定主数据规划，搭建主数据管理平台，构建了一整套集团通用主数据管理体系标准规范，进一步夯实集团公司管理信息化基础，推进主数据合理使用，实现数据的有效传递与信息共享，为科学的管理决策提供有力支撑，对促进投资集团公司的精益管理水平提升具有重要意义，对企业开展数据治理体系搭建具有实际参考意义。

5.4　企业主数据管理场景应用研究与实践案例

对多元化经营的集团企业而言，数据治理是一项复杂的系统工程，需要在集团发展战略规划、集团经营管理模式、信息化战略发展规划、数据治理能力建设等方面充分发力，管理体系建立得好，数据治理的价值才能体现出来，数据资产的特殊属性才能充分发挥出来。本案例中，某集团公司作为一家多元化经营的集团企业，针对集团公司在数据规范管理方面的痛点，积极通过系统规划及建设主数据管理系统和统一的数据标准，推动实现各系统之间的数据共享和集成应用，提升数据治理能力。

5.4.1　案例背景

某集团公司是集资产管理、资本运营和生产经营于一体的大型国有独资公司。集团采取"战略管控+财务管控"的管控模式，集团公司的定位是战略投资中心，二级公司的定位是经营管理中心，三级公司的定位是成本利润中心，实行三级法人体制。公司聚焦冶金、轻纺、装备、应急、医药、服务等板块，主要产品及业务包括离心球墨铸铁管及管件、钢格板、专用车辆、油料器材、装具、医药以及商贸服务等。集团公司及其各级子公司发展早期基于业务需求的市场化推动，均不同程度地建设了一些业务管理系统，这些系统对相关业务具有一定的支撑作用。但由于缺乏统一标准和统一管理，不同业务系统之间的数据无法进行有效关联和共享，形成"数据烟囱"，影响集团内部数据资源的共享应用。

总结该集团公司前期信息化建设情况，数据规范化管理中比较突出的问题主要集中在以下方面：一是在定义方面，没有统一标准，没有明确定义和范围；二是在流程方面，元数据的创造、维护等管理流程不一致；三是在质量方面，缺乏完整性、一致性、准确性，难以管理；四是在共享方面，缺乏源头、缺乏标准。为此，本案例中该集团公司提出建设主数据管理系统和统一的数据标准，推动实现各系统之间的数据共享和集成应用。

5.4.2　解决方案

针对以上问题，该集团公司非常重视主数据的统一管理和数据治理建设。在制定集团信息化战略发展规划时，提出以数据管理成熟度评估模型 DCMM 标准为参考，建设主数据管理系统，加强数据治理能力建设。

1. 明确主数据管理建设目标

在设计主数据编码体系的基础上，主导建设主数据管理系统，通过主数据管理系统建设，统一管理集团公司内部主数据，支撑集团公司主数据的编码规范，实现未来各种信息系统之间数据的标准统一和互融互通，确保重要数据能在集团公司一体化数据资源管理平台统一管控之下实施跨板块、跨部门、跨区域、跨业务系统中的共享和应用，落实及完善主数据的申请、审核、批复、退出等信息化管理流程，保障信息编码规范和管理流程在集团公司数字化转型建设中发挥长效作用。

2. 制定数据治理规划

集团总部牵头制定《某集团公司信息化战略发展规划》，明确集团信息化建设以战略发展规划为指引，实现数据的高质量采集、传递、存储、共享、应用，从而提高数据管理的资产价值。

集团公司牵头先后共组织了两次主数据治理项目。第一次启动"集团公司主数据系统建设项目"；第二次为实现资金统一支付系统、统一核算系统的"双统一"建设目标，对主数据中的会计核算科目、物料大类和明细分类、财务组织架构等提出进一步深化应用的需求，启动了"集团公司主数据深化应用建设项目"，有效推进和支撑业务系统落地。

3. 构建集团数据治理组织架构和实施计划

集团主数据管理建设项目构建了覆盖集团高层、信息化管理职能部门及项目组三层组织模式。集团高层负责项目战略制定与监督实施、整体统筹和协调建设以及项目建设过程中重大问题决策；信息化管理职能部门负责项目总体管理工作；项目组负责落实规划与需求管理、平台建设与实施、数据整理和填报。

实施分三阶段进行。

第一阶段：调研访谈、需求分析和标准制定。全面调研、访谈集团数据资源现状，分析集团主数据需求，制定信息代码体系表和数据标准规范。

第二阶段：架构设计、平台搭建、贯标、集成。开展主数据系统架构设计，确定数据模型和数据源头，根据业务模型进行产品配置，组织业务培训和系统培训。

第三阶段：制定运行维护规范。制定和完善主数据管理运行维护管理体系，梳理业务流程、明确工作职责、制定考核标准和制度。

4. 建设集团主数据标准体系

统一全集团上下的公共基础数据代码，构建覆盖通用基础类、物料类、内部单位类（组织结构）、外部单位类（客户、供应商）、人事类、财务类（会计科目、固定资产、指标）六大类主数据的编码体系。编码体系从系统整体出发，对集团所涉及的主要公共基础数据予以定义、命名，确定内容、范围、表示方法等，从而实现编码的集中管理。

5. 建设主数据管理系统

基于主数据功能点、功能机制以及数据交换与集成特点，建立统一的主数据管理系统，数据管理系统框架如图 5-6 所示，主要包括元数据管理、数据架构和标准管理、数据质量管理，以及数据治理门户四个部分，面向技术人员、业务人员和管理人员提供主数据的全生命周期管理。

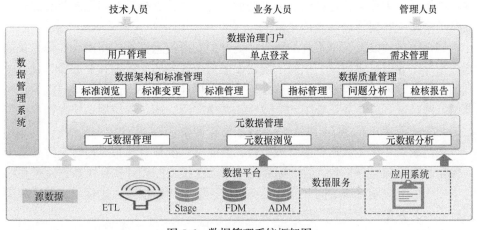

图 5-6　数据管理系统框架图

6. 建立一体化数据资源管理平台，为业务系统整合与集成提供支撑

全面分析企业战略管理、财务、生产和业务管理过程中所需信息资源，结合集团信息化应用系统的总体规划建设，构建信息资源部署模式，通过人力资源管理系统、财务管理系统、项目管理系统、ERP 系统等的建设与完善，逐步提高集团信息资源的完整性、真实性和及时性，建立一体化数据资源管理平台，对数据进行统一管理，满足企业纵横价值网络的数据共享、信息交互的要求，为业务系统整合与信息集成应用提供支撑。

7. 组织开展数据治理专题培训，提高人员素质

为提升公司管理人员对数据治理、数据资产的认知和理解，集团公司先后组

织了 8 次集团和试点单位培训，其中，物料类主数据培训 2 次，其他类主数据培训 3 次，数据治理标准、工具与方法课程培训 3 次，配置 586 名人员负责填报、审批各类主数据权限，指导各子公司按照集团要求，相互协助、有序建设，共同推进实施集团数据治理的战略规划。通过培训，使管理人员对于数据治理、数据资产的定义认知达到前所未有的战略高度，提高相关工作人员的数据治理水平和能力。

5.4.3　应用成效

经过主数据管理项目建设，集团公司数据治理工作已经从分散管理向集中、标准化管理迈出了跨越式的第一步，取得了良好的管理和应用效果，主要表现在以下几方面。

一是通过建立数据标准规范和工作制度，提升集团主数据管理规范化水平。围绕集团管理及业务运行所需的六大类主数据进行规范和标准化，建立集团主数据标准体系、主数据管理办法及运维制度，统一主数据标准及使用规范和流程，提升了集团主数据管理的规范化水平。

二是通过主数据管理系统的建设，更好地发挥信息资源的作用。在信息化规划下指导企业信息化建设，信息系统建设覆盖企业各职能管理和业务操作领域，利用主数据管理系统打通各系统壁垒，实现数据连贯和协同，确保重要数据在跨部门、跨区域、跨业务系统中的一致性和共享应用，满足各应用系统数据集成和数据共享的需求，实现集团编码落地和信息资源整合。

三是通过一体化数据资源管理平台，为业务系统整合与集成提供支撑。基于一体化数据资源管理平台，通过标准化集成 API 接口的设计实现主数据管理系统与集团各层级应用系统的高效集成，统一管理数据传输权限，达到信息共享和编码统一，为业务系统整合与集成提供支撑。

5.4.4　案例小结

本案例中，该集团公司在多元化业务经营模式下，针对企业面临管理层级较多，内外部涉及系统和数据源多，但因各系统间存在数据标准不统一、数据质量偏低等问题，制约了数据资源的共享和应用，有计划、有步骤地推进主数据管理系统建设和实施，并收到良好的效果。该集团公司通过建设主数据管理项目，实现了通用基础类、物料类、内部单位类、外部单位类、人事类、财务类等数据按标准化体系建设及应用，提升了数据质量，规范了数据入口，明确了数据流向，促进了数据集成共享，提高集团公司对主数据的管理和应用能力。从总体来看，该集团公司的数据治理工作经验可小结为：一是集团领导层重视是达成数据治理阶段性目标成功的关键；二是顶层设计先行，达成统一共识；三是重视信息化专业人才引进和培养；四是坚定持续投入确保迭代优化推进；五是聚焦应用场景需求是数据治理成功的基础；六是持续优化数据管理组织体系建设。这些经验对大数据时代下，多元化集团企业构建数据资产管理、探索数字化转型生态建设，具有一定的示范意义。

5.5　钢铁集团公司数据资源管理平台案例

数据资源管理平台是企业实施数据治理的主要载体，本案例中某钢铁（集团）公司针对当前企业在数据管理方面存在的问题，通过建设企业数据资源管理平台，以资源目录体系为纽带，以主数据建设为基础，整合各业务数据资源，实现对公司数据的统一管理，促进数据在各系统之间共享，完成数据规范标准建设和系统集成及应用，在库存管理、降低成本等应用上产生实际效益，推动了公司信息化建设高速发展。

5.5.1　案例背景

某钢铁（集团）公司是黑色金属与有色金属并举的多元化现代企业集团。经过60 多年的建设发展，公司已初步形成钢铁、有色金属、电力能源、装备制造、生产性服务业、现代农业六大产业板块协同发展的格局。随着集团公司信息系统建设步伐的不断加快，其下属公司及部门的信息系统应用数量正在不断增多，系统之间的数据横向共享、纵向交互的需求也在逐渐增加。集团公司迫切需要加强数据标准化管理工作，通过数据集成接口，实现对各系统之间的公用数据进行统一、集中管理。但长期以来，集团公司在数据管理方面存在以下问题：一是集团公司缺少专门从事数据治理及主数据标准体系建设方面的管理机构，这就导致物料、客户及供应商等基础数据未能在整个集团内得到统一、规范和有效的治理，物料、客户和供应商主数据均存在种类复杂、涉及面广、无效数据（重复数据、不完整数据等）数量庞大，且各组之间的界限不清晰等问题，影响了主数据在各个应用系统之间的共享应用；二是集团公司的主要信息系统（如 ERP 系统）普遍存在一物多码和描述不统一的现象，这给集团及各单位经营数据的统计和分析造成了障碍，严重影响了统计分析、财务核算、财务合并的准确性，也极大地制约了各信息系统之间的互联互通。为此，本案例中某钢铁（集团）公司提出了建设企业数据资源管理平台的解决方案，加强对公司数据的统一管理，促进数据在各系统之间共享应用。

5.5.2　解决方案

针对公司在数据管理方面存在的问题，结合集团的主数据管理现状及需求，建设适应集团公司实际业务应用的企业数据资源管理平台，代替集团公司原有自主开发的 MDM 系统，对主数据进行规范、高效、集中的管理，提升集团主数据管理的水平。

1. 构建数据治理组织架构

成立集团公司数据治理专项推进领导小组和工作小组，领导小组负责全集团数据治理工作的统筹领导，工作小组负责协调推进数据治理方案选择及具体实施。

2. 搭建企业数据资源管理平台

基于公司原有自主开发的 MDM 系统，搭建企业数据资源管理平台，该平台以资源目录体系为纽带，以主数据建设为基础，包括元数据管理、主数据管理、编码管理、质量管理与安全管理等功能模块，功能架构如图 5-7 所示。

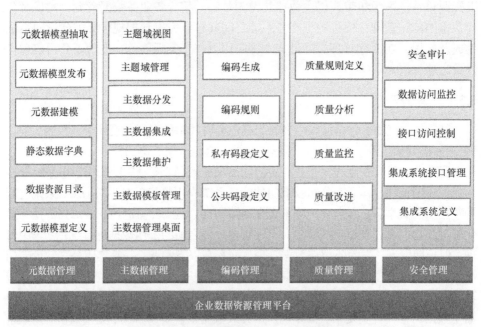

图 5-7　企业数据资源管理平台功能架构图

（1）元数据管理：包括元数据模型抽取、元数据模型发布、元数据建模、静态数据字典、数据资源目录、元数据模型定义等功能，建立企业元数据管理体系。

（2）主数据管理：提供主题域视图、主题域管理、主数据分发、主数据集成、主数据维护、主数据模板管理、主数据桌面管理等功能，建立主数据管理体系。

（3）编码管理：包括编码生成、编码规则、私有码段定义和公共码段定义，通过码段定义、码段组合来构建数据的编码规则，支持常见的编码方式，包括固定码、流水码、日期码、特征码、动态流水码等。

（4）数据质量管理：包括质量规则定义、质量分析、质量监控、质量改进等功能，实现按规则的自动校验、统计分析等应用。

（5）安全管理：按照涉密信息系统安全管理的相关要求，提供安全审计、数据访问监控、接口访问控制等功能。

3. 编制主数据标准体系、标准代码库

（1）建立一套适合钢铁冶金行业的主数据标准及运维体系，以及一套适合公司的标准化管理组织及管理制度，为持续提升主数据管理做好制度保障。

（2）编制以物料主数据为核心的标准代码库，减小大规模组织专业人员集中进行数据治理工作的实施难度，缩短了实施周期，提高了实施效率；结合引入的标准代码库，通过对主数据编码进行分析、规划、改进和完善，形成了适合公司业务需求的标准代码库。

4. 做好 PI 接口集成

在主数据标准及主数据管理平台实施的过程中，做好接口集成工作，实现了物料主数据、客商主数据通过接口（process intergration，PI）系统到业务系统（system，applications，and products in data processing，SAP）的贯通及无缝衔接，以及物料主数据管理平台和协同办公平台的集成。

5.5.3　应用成效

1. 建立了适用于钢铁行业的主数据标准及管理体系

建立了适合钢铁行业的物料代码、客户及供应商代码、世界各国和地区名称代码、货币代码，以及计量单位、运输方式、银行联行号等标准，并且通过建立集团公司的主数据管理制度、流程及主数据标准化工作机构，为主数据标准在公司范围内的推行和落地提供了保障。

2. 规范并统一了信息系统的物料解析模式

平台使得各物料编码应用系统均通过解析物料描述特征量进行物料特性的逻辑判断，废除了以往有意义的编码方式，全部启用无意义的流水码编码方式，提升了物料编码在集团范围内的通用性和适应性。

3. 实现清库存，降低成本

通过规范物料主数据，能够有效反映库存量，为制订物资需求计划提供准确的数据支撑；通过与各业务需求无缝集成，及时提供所需物资，有效减少各环节的库存，达到清库存、降低成本的目的；按照纳入集团公司 ERP 系统核算的年末辅助材料、备件库存余额计算，在实施主数据标准化后，每年可降低库存余额 1%，每年可减少辅助材料、备件库存占用资金 327.52 万元。

4. 实现降低采购成本

在采购过程中，集团公司以统一、标准、规范的物料主数据作为基础，规范招/投标流程、提高采购过程的透明度，减少采购过程中的舞弊行为，发挥集中采购优势，从而降低了采购成本；在实施主数据标准化后，纳入集团公司 ERP 系统核算的单位每年可降低采购金额 0.5%，每年可减少辅助材料、备件采购金额 1300 万元。

5. 实现了主数据相关的多系统集成和改造优化

平台实现了 MDM 系统与 PI、ERP、MES、办公自动化软件（office automation，OA）、电子交易平台等系统的集成，解决了多个关联信息系统之间的数据传输与分发问题；对不锈钢 MES 系统、碳钢冷轧 MES 系统、电子交易平台、运输计划系统、线棒仓储系统、劳保超市系统等进行适应性改造，使之适应新的主数据标准。

5.5.4　案例小结

数据资源管理平台是管理数据资源的信息系统，是公司信息化建设的基础性平台，对公司信息化的建设质量、应用效果和数据分析起到支撑和决定性作用。本案例中通过建设企业数据资源管理平台，建立适用于钢铁行业的主数据标准及管理体系，有针对性地解决了企业在数据管理方面的问题，进一步规范和提高主数据管理，实现了主数据相关的多系统集成和改造优化，促进企业降本增效，取得了较好的应用效果，具有一定的示范意义。

第 6 章　数据治理能力提升类实践案例

数据要素治理是促进数据要素市场发展的基本前提，是促进数据要素价值发挥的关键。然而，数据要素治理是一个宽泛的概念，在国际、国家、地区、企事业单位及个人等层面，都存在着内涵各不相同的数据治理问题和解决方案。本章选取 6 个不同行业的企业实践案例进行介绍，以问题为导向，通过计划、组织、领导、控制等职能，合理配置资源，提升数据治理能力，实现对数据的有序管理、数据要素的有效配置和数据市场的有效培育。

6.1　能源型企业多级协同数据治理方法案例

多数单位的数据治理工作大多由 IT 部门来主导，通常会出现技术团队和业务部门、下级单位等其他团队脱节而无法有效合作的情况，因此需要将业务数据资产、数据标准、数据质量控制等专项数据治理工作协同起来，并通过机制体制建设明确组织架构和职责分工，统筹协调各种数据治理的能力，提高数据治理的效率。本案例以某能源型企业的数据治理为例，分析前期存在的问题和不足，设计以机制体制建设为主线的数据治理解决方案，解决企业多级协同的数据治理难题。

6.1.1　案例背景

随着大数据上升为国家战略，数字中国建设全面铺开，各行各业都将数据视为自身一项十分重要的资产，将其作为在新一波数字化浪潮中谋求未来竞争优势的基石加以管理和利用。对于能源企业而言，数据这一新时代的"石油"资源无疑有着更加重要的意义。众多能源企业都不约而同地将其作为由传统能源生产者和提供者向综合能源服务者转变的有力推手和效能倍增器。在描绘数据应用建设蓝图以期最大限度地发掘数据价值时，能源企业也深知唯有先管好数据，方可为用好数据奠定坚实的基础。某能源型企业为多级组织架构，总公司下有多个部门、二级、三级公司，涉及多级协同数据治理的问题。

该企业从 2016 年起连续多年组织开展了年度性的数据质量专项治理提升工作，由总公司 IT 管理部门按照数据主题的划分逐块制定治理提升计划，并组织相关业务部门开展以数据质量问题整改为核心的治理提升工作。经过努力，数据质量有了较大改观，但问题依旧艰深：一是 IT 部门难以有效推动业务部门深度参与数据治理工作，由业务定义和管理要求引起的数据问题成为顽疾；二是总公司与下属各层级单位的数据不一致问题突出，数据相关规范和要求在各层级单位传达落实的过程中衰减、失真，数据规范问题难以从源头上得到有效控制，数据治理前清后乱难以控制，数据质量提升遇到瓶颈；三是运动式的数据质量提升让基层"不堪重负"，业务部门很少能够感知到数据治理的"温度"，而作为数据治理"发动机"的总公司信息部门也已疲惫不堪；四是公司各部门、各级单位数据标准化、元数据管理、数据安全等逐步扩展的数据治理范围相互交叠，无法有效统筹、协同。为此，该企业通过认真分析总结，采用多级协同数据治理方法，以期让公司各部门上场成为"运动员"，与 IT 部门协同配合，并在公司各层级单位间更加有效地开展数据治理协同，逐一解决上述问题。

6.1.2　解决方案

本案例中该能源企业提出的多级协同数据治理方法主要分为两项主要内容。

1. 以职责为主线，构建业务与技术协同、上下联动的数据认责管理机制

该企业在研究和借鉴了国际数据管理协会（DAMA）的数据治理组织参考框架、数据管理专员制度之后，结合公司当前的数据管理组织设置和管理流程，提出了数据治理"业务为主、人人有责"的认责管理理念，明确定义了数据治理活动中数据所有者、业务认责方、技术认责方以及操作认责方等不同角色及其职责，形成责任与职能对等、匹配的数据认责管理框架。

企业数据管理部门作为数据资产所有者的代表，负责制定数据管理与应用战略、政策，并对数据治理活动进行监督、协调；企业各业务管理部门作为各领域业务数据的归口管理部门以及数据业务特性的维护者，负责制定具体的领域数据治理方案（包括标准、质量、安全、应用等）并组织实施，并负责管理数据需求和问题；企业信息中心作为技术认责方，负责提供技术方案，支撑业务认责方的数据治理方案落地，并负责实现数据需求、参与数据问题的解决；企业基层业务单位主要作为操作认责方，遵从业务认责方的数据治理方案，在数据录入和使用活动中执行相关管理要求，并提出数据需求、参与问题的解决。至此，数据管理部门成为企业数据治理的规则制定者和裁判员；业务管理部门真正成为数据治理工作的主体，以业务视角、业务价值驱动数据治理工作的开展，使数据治理贴合业务需要；信息中心不再"越俎代庖"，可以专注于技术领域，发挥其技术专长支撑数据管理与应用；而广大的一线业务单位和人员也真正成为数据治理的毛细血管和末梢神经，在向下落实各项数据管理要求和规范的同时，也向上反馈执行层面遇到的具体问题，帮助完善和优化数据治理策略。

基于这样的角色与职责定义，公司以业务专业领域为主线，在三级组织机构

中按业务条线设置了垂直化的"业务数据管理员"联动机制,使得由总公司业务部门制定的数据管理要求可以迅速在二、三级公司业务部门进行验证和优化,并最终在三级公司得到落实和执行。

2. 聚焦核心业务数据,以问题为导向、价值为驱动,将责任明确到岗、到人

有了清晰和协同化的数据认责机制设计之后,公司没有像过去一样将数据认责一下子全面铺开,而是采取了聚焦核心业务数据、责任与要求并重、先试点后推广的更加精益化的实施路线,详细实施路径如图 6-1 所示。

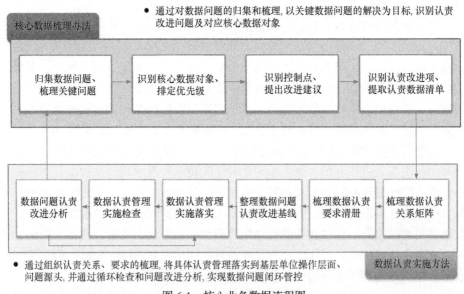

图 6-1　核心业务数据流程图

(1)根据该企业的数据质量治理提升重点领域,由相应的归口管理业务部门根据业务工作实际需要,圈定出"基础数据"和"业务数据"两个治理场景,并明确了各自的治理目标。

(2)通过在各级各部门进行广泛的数据问题收集,梳理和识别业务工作中与这两个场景相关且较为突出的数据问题 150 余个以及其所涉及的具体数据。经过进一步对这些数据关联问题的发生频度、广度以及业务影响的程度和层级进行量化评分,并最终筛选出有着高业务价值的核心数据项 89 个,作为开展认责管理的对象,并一一明确了这些数据项的业务"主责人"。

(3)选择一个二级公司及其下属的两个具有不同管理模式的三级公司首先开展数据认责试点实施工作,按照"认责到岗、明确到人"的要求,梳理认责数据项在企业各级单位中对应各类责任者的认责关系矩阵,形成"数据-组织/岗位/人员"责任关系。在这一过程中,由数据归口管理业务部门组织梳理了认责数据项

的管理要求清册，明确了数据的业务定义、标准信息以及质量、安全、存储管理等方面的相关要求。对于一些关键业务环节，还结合业务流程以及系统功能实现，编制了相应的数据规范指引，为一线业务人员遵照落实各项数据管理要求提供了明确、可用的参考。

（4）为了促进数据认责与企业定岗、定责机制以及规范用工等管理机制形成良好的融合关系，该企业数据管理部门还邀请人力资源部门共同协商，将数据责任纳入岗位责任要求，并首批与126个岗位的186名人员进行签订确认，从而在岗位人员录用、培训、考核等环节实现对数据责任的固化。

（5）整合公司各级数据质量改进过程，以质量的提升、稳固强化责任意识和落实，形成闭环。一是以问题为导向而开展的数据认责实施必将以数据问题的有效解决而形成闭环。公司选取了"基础数据"和"业务数据"两个场景，围绕相关数据问题开展数据认责实施，并与当年度对应的数据质量提升工作进行了巧妙的融合。二是由数据归口管理业务部门梳理制定的数据管理要求被转化为170余条数据质量校验规则后，纳入到企业统一的数据质量规则库中；对约14.7万条生产设备数据进行校验，将存在质量问题的4400余条数据提交给对应的归口管理业务部门和主责人进行分析，而后制定针对性的质量整改措施，并同步完善相关管理要求；整改措施和管理要求被推送到业务一线的数据录入源头，并按照相应的数据操作责任关系将问题数据分解到具体人员完成整改，总体整改耗时缩短2/3，效率得到大幅提升。经过这样的精细化管理与良性迭代，数据管理要求得到了更新，人员责任意识不断强化，在存量问题数据逐步得到消减的同时，更重要的，增量数据问题得到了有效管控，问题新发率降至1%以内，有效确保了当年"站线变（供电站、输电线路、变压站（器））"一致性98%的治理指标顺利达成。

6.1.3　应用成效

基于上述工作，在总结试点实施经验，简化、优化机制设计后，2020年该企业结合当年7项重点业务工作，在所属全部10个三级公司组织开展了数据认责推广实施，覆盖8个主要业务领域和组织机构，涉及数万员工，收到了以下成效：一是与开展数据认责之前依靠信息中心人员投入进行数据问题清理相比，效率提升2倍以上；二是二级公司的日常数据清理工作人力投入削减了58人/月，一年可为节约人力成本约100余万元。2021年，数据认责模块在该企业成功部署上线，实现数据认责从计划制定、过程实施到结果监控的全过程流程化支撑和管控，促进数据责任可见、确保数据认责可控、提升数据认责效率、保障数据认责成果持续有效。

该企业通过总结前期数据治理经验教训，学习借鉴先进理念，组织实施多级协同数据治理方法。在管理层面,通过数据认责明确责任、理顺关系,以数据的归口管理业务部门为主体,推动数据标准、数据质量以及元数据管理工作协同开展;在系统层面,通过与企业数据资产、数据质量、数据安全等管理应用进行集成,以数据责任关系,打通数据资产目录、数据质量、数据安全等数据治理核心环节,实现公司各层级单位间多级协同数据治理,促进公司降本增效,取得较好的成效。

6.1.4　案例小结

本案例中的企业是多级组织架构,涉及多级协同数据治理的问题,本案例以构建数据治理机制体制为主线,以明确各方职责为目标,建立了高效的数据治理组织架构和实施路径。首先,协同数据治理的目的是打破孤岛,为了打破这种数据孤岛,组织可以利用协作数据治理方法来促进更好的数据使用和业务协同;其次,协同数据治理的基础是组织间人员的协同,而许多参与数据治理的 IT 专业人员并没有认识到这一点,因此需要建立管理制度和相关规范来统一思想、规范行为。除了多级组织架构企业,很多单位的数据治理都需要解决协同问题,而数据治理机制体制的建立是最基础、最关键的一步。

6.2　商业银行数据治理平台建设案例

数据治理不单是一个技术工具、一套管理机制,也不仅是一个信息系统,而是一个将数据、开发过程、管理过程、信息平台等完整结合的体系。数据治理平台是这个体系中基础技术支持部分,不同行业的数据治理平台具有不同特点。银行数据治理具有数据来源广泛而分散、数据量远远大于传统行业、数据种类繁多、数据维度复杂、数据关系复杂、应用价值大等特点,具有一定的复杂性和代表性。本案例以某商业银行的数据治理平台建设方案为例,分析该银行的业务背景和存在问题,设计数据治理平台的架构、主要功能和实施路径,围绕实施过程中的重点问题进行分析研究,解析数据治理平台建设的方法和路径。

6.2.1　案例背景

伴随着市场开放、技术变革、产业形态变化的趋势,某商业银行面临着盈利模式单一、经营模式同质、监管模式粗放等经营管理压力,迫切需要借助数据资产的整合分析和深度挖掘,促进业务创新和价值发现,用数据洞察真相、驱动决策。随着各业务信息化系统的持续投资、建设和完善,的确满足了相关领域所需要的部分数据分析能力，但因该银行的信息系统中存在很多未从根本上解决的数据问题，使得数据治理任重而道远。

随着信息化建设工作的不断深入，该商业银行在数据治理方面取得一些成效，但仍然存在以下问题：一是数据标准的缺失，导致各业务部门对数据定义和理解的不一致性；二是元数据未被有效管理，加大了数据应用开发的复杂性和系统维护的困难性；三是数据存储缺乏规划、数据交换的技术手段单一，使得源系统中存有冗余数据且无法满足准实时性的数据需求；四是由于缺乏规范的流程和统一平台，数据质量往往得不到有效保障。为此，本案例中该商业银行提出了建设数据治理服务平台，旨在通过强化数据标准建设，提升数据规范管理能力，方便业务人员获得及时准确的数据认知和进行数据深度利用，提升企业运营绩效。

6.2.2　解决方案

基于上述情形，该银行开展了数据治理平台的建设。经过调研论证，结合监管部门对银行业数据质量和数据标准的要求，银行将数据治理视为基础性、长期性的工作，通过持续的数据质量改进，在制订全行数据标准的同时，建设企业级数据治理平台。该平台将为会计管理、资产负债管理、风险管理等系统提供规则统一且高质量的数据，以此实现数据的治理及管控。平台的建设需要克服组织结构碎片化的现状，将银行 200 多个分散的系统向协同化转变，制订符合高数据价值密度的质量评估标准。同时，为避免需求驱动机制下存在的无序和重复问题，需要通过数据应用的整体规划和全生命周期管理，使该平台可以提供全局性的数据整合及数据共享服务。

1. 数据治理平台整体逻辑架构

数据治理平台逻辑架构如图 6-2 所示，主要由以下几个部分组成。

（1）源数据层：提供整个平台的数据输入，它是平台的数据基石。

（2）数据导入层：可通过 ETL（extract transform load）工具和统一数据补录平台把数据加载到统一标准数据集市。

（3）数据存储与管理层：基于科学的数据模型，存储和管理海量的历史交易数据和基于业务需求的汇总级数据处理结果，并为用户提供数据服务。这些数据按照逻辑数据模型，可分为临时层、历史层、整合层和接口层。

（4）中间服务器层：通过对数据服务层中的数据进行适当的提炼、汇总，向用户提供报表、查询、数据挖掘和中间件服务等多种应用，并实现访问方式的多样化和信息存取的透明化。

（5）访问控制层：对访问平台业务用户提供访问控制和统一认证。

（6）业务用户层：对访问平台业务用户提供入口。

（7）集市管理：提供数据标准管理、元数据管理、数据质量管理，将数据治理的政策和组织以及数据标准的内容进行固化,最大限度地实现自动化管理流程,降低手工干预;提供数据备份与恢复,以及监控、运行和管理。

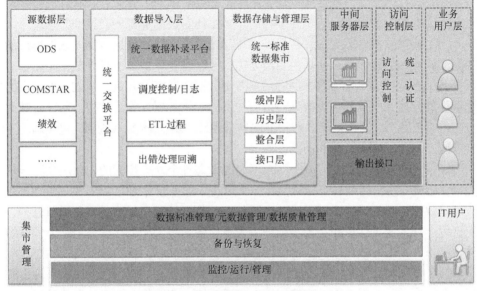

图 6-2　数据治理平台逻辑架构

2. 数据治理重点工作

(1) 提出数据治理对策。数据治理的好坏是由用户数据价值决定的,并在实际使用过程中被验证。因此,在建设数据治理平台之前,银行内部做了大量的访谈,深挖痛点从而制订符合本行特征的治理目标,以保证数据在持续的更新过程中被接受,同时结合当前已有系统与未来的发展规划,完善数据治理管理方案。在总行信息科技部的数据中心成立专门的工作组,负责制订和开发标准的流程管理制度,确保数据标准遵循全行统一规则并覆盖管理的全生命周期。从战略性高度将数据治理融入每一个信息系统,要求业务部门对数据治理工作高度配合、协同推进治理,要求科技部门积极保障数据治理工作的落实,从而在全行业务和技术条线上共同营造一个良好的数据治理环境。

(2) 建立数据标准体系。数据治理平台的建设首先基于数据标准的建立,并搭建标准数据集市以满足数据质量的要求。其次,完成数据管理现状、差异性及数据治理体系的咨询,制订数据治理体系架构和相关制度与流程,同时结合银行各业务系统及其关联项目,补充标准数据集市数据。最后,建设元数据管理和数据质量管控系统,进行数据治理相关工作。

(3) 建立数据集市。数据治理的目标是优化数据,实现数据资产化。然而当前数据体量却与价值密度成反比，为满足实时数据处理需求，可通过资源快速组合，提高治理的精确度。除了规范采集端的执行策略，有必要建立一个基于数据资源整合的数据集市。数据集市是满足特定业务需求的组数据，依靠科学的 ETL 调度，改善数据处理流程，实现多部门、多主体对数据资源的交换和共享。

（4）梳理数据治理流程。数据处理流程需要完成源数据层数据向数据集市的抽取、转换和加载。经过初步的转换处理，数据将首先被加载进入数据仓库临时数据区，在此基础上完成数据的进一步清洗和汇总计算，并最终生成数据集市的物理模型数据，以及其他为数据输出而准备的中间数据。作为数据治理平台数据流向的主要环节，源数据层的数据抽取均采用统一的 Java 抽取程序，包含调度与日志跟踪管理、脚本运行和回溯模块。

（5）设计与实施 ETL。数据 ETL 不仅要考虑各个处理步骤的先后次序和依赖关系，还要考虑出错处理等异常情况，因此设计与实施合理的 ETL 流程管理，才能满足数据加载的时间窗口要求。ETL 任务的触发流程通过事件机制进行管理，配置每个任务的事件依赖关系，维护一张事件序列表，如果存在满足某个任务的关联操作，则触发依赖条件，将该任务提交至调度核心，执行数据交换。

（6）梳理数据交换流程。数据交换主要分为数据库抽取、数据加载和日志管理三个模块。数据库抽取是连接知识库与源系统、获取作业配置信息的过程，并以指定格式将源数据落地到原始文件区。而数据加载是通过获取作业信息，以指定的分隔符等生成控制文件导入到目标数据库。日志管理则是将数据交换平台作业执行过程中的日志，根据不同的交换类型记录到知识库，方便用户定位和异常检查。

6.2.3　应用成效

该银行通过数据治理平台将数据以资产的形式进行管理和应用，通过流程和技术的相互协作，在满足合规监管的同时规避内部风险，并结合自身的数据管控政策，全面推进"全资产"经营战略转型。到目前为止，数据治理平台通过统一的数据标准整合了核心、授信、票据业务、资产池、计息引擎、信用卡等 13 个业务系统的近 200 张源表数据，实现 281 个产品标准、24 个数据模型，完成了 76 个下游接口的设计，为资产负债系统、风险数据集市、会计管理、电子报表等系统提供了数据治理的保障，以实践工作验证了数据治理对发挥数据价值的关键作用。

总体来说，本案例中该商业银行建设数据治理服务平台的应用成效主要表现为：一是数据治理平台在推动数据集市建设、整合各系统数据时，按照统一数据标准实现复用和共享，并对数据进行清洗，最后达到流程的自动化，从而降低了数据治理的复杂度；二是依托企业级的元数据管理系统，数据治理平台使分散的数据治理整合进集成平台，实现全行级数据治理的物理载体，解决跨系统和跨条线时沟通成本高、协调难度大的问题；三是数据治理平台为企业级的数据开发和管理建立了可重复的数据收集、数据修改和数据维护流程，并在此之上提供了数据转化的性能监控点，使得全量数据的实时分析可以在业务管理的多场景中同时运行，满足了监管要求、提升了运营效率，还能发掘潜在的盈利增长点；四是数据治理通过实践层面让更多部门更直观地认知数据的价值。认知深度既决定了数据治理的可能空间，也推动了应用的创新。数据治理平台在发挥示范引领作用的同时，依赖海量数据和数据挖掘能力，保证了数据的可信性，树立了数据的竞争优势。

6.2.4　案例小结

本案例以数据治理平台建设为主线，围绕数据标准的缺失、元数据管理不规范、数据存储无规划、缺乏规范的流程和统一平台等常见问题，针对该商业银行设计数据治理平台逻辑架构，分析平台建设的关键内容和重点工作，阐述平台建设实施过程，对该银行的数据资产管理、决策分析、风险管控、业务协同等进行有效支撑，并取得较好的建设成效。本案例中的数据治理平台建设对于其他行业同样适用，稍加修改即可进行使用，具有一定的参考价值。

6.3　煤炭集团公司数据治理总体设计案例

信息化建设长期实践证明，缺乏总体设计会产生新信息孤岛、重复建设严重、投资效率低下等问题，因此开展总体设计是必要的、迫切的。数据治理应该按照"整体规划、分步实施"的原则，以国家、行业信息化政策和标准规范为基本遵循，以本单位业务发展规划和相关制度规范为指引，明确数据治理发展目标、总体架构、数据规范、实施路径和具体措施，并以业务需求为导向，深入调研、科学分析，制定出具有可行性、科学性、前瞻性和可持续发展的顶层架构。本案例以某煤炭集团公司的数据治理为例，分析前期数据治理经验教训和缺乏顶层设计带来的一系列问题，设计数据治理总体思路并分解实施，最后取得较好的应用成效。

6.3.1　案例背景

某煤炭集团公司是一家国内横跨四省区十余个地市，以煤电、铁矿、玻纤三大产业为支柱，以物流贸易、技术服务、现代农业三大产业为支撑的大型企业集团。2016年集团公司率先在煤炭行业建设大数据平台，相继完成集团财务共享、人力共享、设备共享、安全生产、党建平台及大数据平台建设，也在集团层面建设了数据仓库，目标是为集团领导与二级单位领导提供云中看板，让领导随时随地了解生产经营信息，及时决策。

但是由于在平台建设过程中各系统厂商不同，且早期没有健全的数据治理体系规划，导致在建设和使用过程中存在以下问题：一是各系统之间，甚至同系统不同表的数据标准不统一，如存在多套组织机构代码，导致数据关联分析困难；二是系统设计不规范，缺少审核条件，导致数据质量不够高，存在大量空值、重复值、误报数据现象；三是缺乏统一的数据资产管理和数据服务，存在许多信息孤岛，使用数据主要靠业务人员自己去业务系统复制粘贴到 Excel 中处理，或者技术人员编写 SQL（structured query language）语句查询，数据资产利用效率很低；四是现有数据仓库还有待完善，尤其是未对原始数据及分析数据进行数据资产编目，业务人员无法获悉企业数据资产，并通过数据分析工具进行分析取数；五是除了结构化管理数据，煤矿、铁矿等生产企业有海量的有关安全和设备的物联网数据，需要对海量实时数据、非结构化数据进行采集和统一存储。

公司通过认真总结和分析，认为出现上述问题的根本原因是缺乏数据治理总体设计，导致数据标注规范缺失、数据孤岛不断涌现、重复建设频发，因此公司提出了科学规划涵盖人、财、物、产、供、销、安全等全业务领域的集团级数据治理总体架构，统一建设大数据资产平台，明确集团级数据治理总体思路，并逐层分解制定切实可行的具体措施。

6.3.2　解决方案

为有效解决集团在数据治理方面存在的问题，通过强化数据治理提升集团数据资产管理的效益，确立数据治理的总体目标为通过规划涵盖人、财、物、产、供、销、安全等业务领域的总体架构和集团级大数据资产平台建设，加强涵盖全数据生命周期数据治理，提供各类数据服务，并实现一线业务人员对数据自助分析应用，完成真正意义上的数据赋能。

1. 推进数据治理总体设计

秉承标本兼治原则，严格按照数据治理方法论，由集团公司一把手牵头成立数据治理委员会，安排专项资金，编制《集团数据治理总体规划和顶层设计报告》，并制定《集团数据治理管理办法》《数据资产管理办法》等管理制度，总体设计和推进思路如图 6-3 所示。技术方面从基础做起，完善元数据管理、数据标准梳理工作，重点推进数据质量管控，通过技术层面和管理层面双管齐下，确保公司数据资产质量。

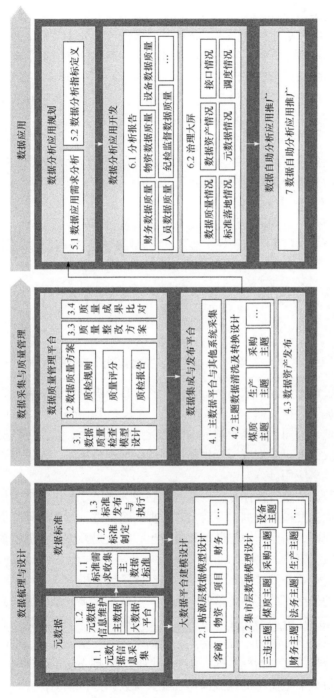

图6-3　数据治理总体设计和推进思路

（1）数据梳理与设计。

围绕公司业务发展主线和需求，按照"总体设计，分步实施"的原则，主要从元数据、数据标准、大数据平台建模设计三个方面来梳理数据治理工作。

（2）数据采集与质量管理。

以数据规范标准和管理制度建设为主要抓手，兼顾遗留系统和数据的集成，通过数据质量管理平台、数据集成与发布平台建设落实实施。

（3）数据应用。

重新梳理业务需求和数据需求，率先围绕数据分析应用规划、数据分析应用开发、数据自助分析应用推广三方面进行实施。

2. 明确数据治理重点工作

（1）统一全公司数据治理思想，提高数据质量、形成数据资产。

经研究，公司制定了"盘、规、治"三字规划数据治理路线，如图 6-4 所示。

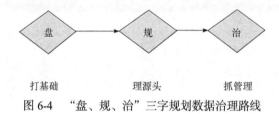

图 6-4　"盘、规、治"三字规划数据治理路线

盘：建设公司生产经营数据资源目录，资源目录提供服务接口，为一线业务人员生产运营提供数据支撑，实现数据共享、数据交互，充分发挥数据资产价值。

规：建立基于公司生产经营统一的数据标准规范体系，以及更新机制和使用管理制度，形成服务于数据资源全生命周期的标准规范体系，促进多源异构数据的深度融合和共享应用。

治：建立数据质量管控体系，以规范和制度为约束，通过数据质量检测工具根据制定的数据标准检测数据，及时发现数据问题，进行数据治理并提炼相应的数据质量检核规则，防止同类问题的重复发生，有效提升整体数据质量，从而保证提供高质量数据资产。

（2）赋能企业业务发展创新，满足生产经营敏捷分析需求。

数据治理的最终目的还是要落到"用"，也就是要服务于数据的交换和数据的应用。在数据应用方面需要充分考虑一线生产部门日常工作繁重、业务需求多变且对信息化系统操作能力不强等特点，根据生产、安全、运销、采购、库管等业务主题预设分析维度和指标数据，通过敏捷商务智能（business intelligence，BI）软件让业务人员只需最简单的拖拽操作就能实现数据分析应用，并自动生成各类统计图表，从而提高一线人员数据自助分析应用能力，让数据成为一线人员开展工作的基础保障，激发全员创新的主观能动性，形成众人划桨开大船的良好局面。

（3）建立企业级 Hadoop 架构大数据平台。

由于煤矿信息化系统存在系统多、数据量大、生成频次高、数据结构各异的特点，需要建设基于 Hadoop 架构的大数据仓库，解决海量半结构化、非结构化数据的实时采集、实时分析。公司通过搭建统一大数据处理平台，将标准规范、数据共享和开发利用统一到平台上来，客观上实现了数据治理技术的统一，高效推进项目实施和落地。

6.3.3　应用成效

通过数据治理总体设计，建设涵盖产、供、销、人、财、物的领域生产经营全要素的煤炭企业大数据平台，全面整合各业务系统数据。通过制定 "盘、规、治" 三字规划数据治理路线，持续开展集团数据治理，提高数据质量，提升数据资产管理水平和能力。针对回采掘进、安全管控、机电管理、运销、采购、财务等业务场景建设数据集市，为管理层和一线业务人员提供有效数据分析支持，逐步实现煤矿生产经营数据化精细运营管控，实现了人力、财务、安全、设备、煤质数据的全数据生命周期治理及应用，实现数据赋能企业业务实践和创新，最终实现提质增收、降本增效。

6.3.4　案例小结

该案例中的企业总结前期数据治理中存在的问题和不足，重新设计数据治理总体思路和构建大数据平台，梳理工作推进思路、明确重点工作，最后通过项目落地实施取得较好成效。尽管该企业最后取得较好的数据治理成效，但因为前期缺乏总体规划和统一思路，走了不少弯路、付出了较大的时间和经济代价。因此，数据治理总体设计工作越早开展对企业越有利，否则前期存在的 "不清晰" 问题会在数据治理生命周期的后续阶段逐渐暴露出来，并几十倍甚至上百倍地不断放大，最终导致数据治理和信息化建设失败、造成经济损失、耽误企业发展。

尽管一些企业和单位已经充分意识到数据治理顶层设计的重要性，但由于设计不到位或方法不正确导致 "事倍功半" 的情况很常见，主要存在以下问题。

（1）闭门造车，只重形式。一些单位只是找几个规划人员，采取闭门造车，既不做业务模式与业务需求分析，也不做各层面管理者与业务人员的访谈调研。规划的基础是 "拍脑袋"，最后虽然形成了一份看上去很美且很能打动人的规划，但实际上无法执行。

（2）技术视角，脱离业务。一些单位将数据治理规划当成是 IT 技术人员的一项分内工作，而技术人员又不去关心企业的业务发展战略，对业务的流程体系与业务需要也不做深入的分析，导致规划与业务严重脱节，甚至沦落为只是一份技术研究报告。这样造成的不只是信息化建设的尴尬，而是投资失误、技术架构失策等严重后果。

（3）好高骛远，脱离实际。一些单位明白数据治理规划是一项专业性很强的工作，也考虑到依靠内部力量很难完成一份专业、高水平、高层次的设计报告，需要引入外部资源。但过分看重标杆的指引，而没有潜下心来认真分析自身的实际业务需求与差异，导致规划设计不符合实际、无法实施。

（4）绕开架构，无法落地。数据治理规划是不同层面的设计构成的一个完整体系，初步可分为战略、架构与项目三个层面，但由于管理者与信息部门认识上的不足，架构层面的设计都被绕开了，或是只是简单的提到，并没有细化的说明。按这样的规划去实施，战略是无法落地的，也就不能推动业务战略落地。

（5）计划粗放，无法执行。总体设计规划只有可执行，才有意义，需要细化为一系列的具有明确时间节点的行动计划（如项目计划或任务计划），并确定执行计划的负责人，以及相应的团队，再加上相应的保障措施。但是很多单位制定的数据治理规划，没有上述内容和措施，尽管制订了远大而鼓舞人心的愿景、基本原则和漂亮的架构蓝图，但是具体实施过程中不知道从哪里入手，无法实施。

6.4　运营商基于数据中台的数据治理体系建设案例

目前，业界对数据中台也并未形成统一的概念定义，比较普遍的看法是：数据中台是一套可持续的"让企业的数据用起来"的机制，是一种战略选择和组织形式，是依据企业特有的业务模式和组织架构，通过有形的产品和实施方法论支撑，构建一套持续不断地把数据变成资产并服务于业务的机制。数据治理与数据中台都是一个体系性的工作，两者在具体落地实践中都涉及相同的领域，但数据中台并不仅仅是数据治理工作的放大升级版，而是数据治理工作的深化，它强化了数据治理的深度和广度，并拓展了数据治理不涉及的数据应用领域。本案例以某通信运营商为例，分析企业的数据治理和数据运营需求，并提出基于数据中台的企业统一数据治理体系解决方案，实现数据治理与生产经营全流程的深度融合，为业务运营全方位数智赋能。

6.4.1　案例背景

某通信运营商是国内最大的省级通信运营商，用户数市场规模第一。随着互联网规模的日益庞大与内容的不断丰富，5G 时代的企业数字化转型以及各种新业务的不断引入，用户数据呈指数级增长，该运营商面临以下挑战：一是运营商个人市场的发展已高度饱和成为红海，政企新蓝海市场的开拓成为业务增长的主要引擎，这要求公司有效融通业务运营管理（business operations manager，BOM）三域数据，挖掘数据资产的价值，为行业解决方案赋能，形成差异化的竞争能力；二是全网业务的统一运营程度越来越高，必然要求 IT 系统、支撑组织以及数据运营的集中化，从而进一步降本增效；三是用户数据呈指数级增长，业务场景复杂，营销服务实时要求高。

新时代市场竞争已经对该运营商数据中台及数据管理建设工作提出了实时触达、集中化的统一运营、标准化管理等工作要求。因此，本案例中，该运营商期待通过基于数据治理的数据中台建设，全面提升数据治理水平和运营能力，并提出以大数据、云计算、人工智能、边缘计算等数字技术手段，打造融合全域的实时数据中台，构建集中化、标准化的数据资产管理体系，实现大数据与生产经营全流程的深度融合，为业务运营全方位数智赋能，提升整体服务水平，促进区域数字经济的繁荣发展。

6.4.2　解决方案

本案例针对某通信运营商发展面临的业务技术痛点与未来发展需求，在数字化转型的战略指导下，坚持以数据驱动为导向，对标国家标准《数据管理能力成熟度评估模型》，引入数据运营（data operations，DataOps）理念，构建融合全域数据的实时数据中台，打造集中化、标准化的数据资产管理体系，实现数据中台能力再升级，如图 6-5 所示。

具体实施路径如下。

（1）持续健全数据管理组织及规章制度：对标 DCMM 框架体系，搭建健全的数据治理组织架构和流程，建立一套覆盖数据引入、使用、开放等整个生产运营过程的数据管理规范。

（2）改造数据架构，提升效率和稳定性：针对实时数据接入量巨大、接入协议和格式不统一、实时数据回填效率较低等问题，建设云化接入中心，实现配置化接入实时三域数据；引入高性能、并发、无锁的编程框架提升回填速度；升级流批一体引擎，解决在海量实时数据运算中出现的性能问题。

（3）建设融合数据模型，持续迭代和优化：为解决内部缺少清晰模型架构划分、地市支撑不足等问题，从"优化数据模型架构、融合模型、地市集中化、搭建健康度模型评估体系"四个方面进行优化，促进模型持续闭环迭代优化。

（4）规范数据标准，统一企业数据语言：为解决企业内部数据口径众多、标准不清晰等影响数据融通的问题，完善适应企业的数据标准体系，并增加数据标准考核办法，促进数据标准闭环优化迭代，实现企业级"数据语言"统一。

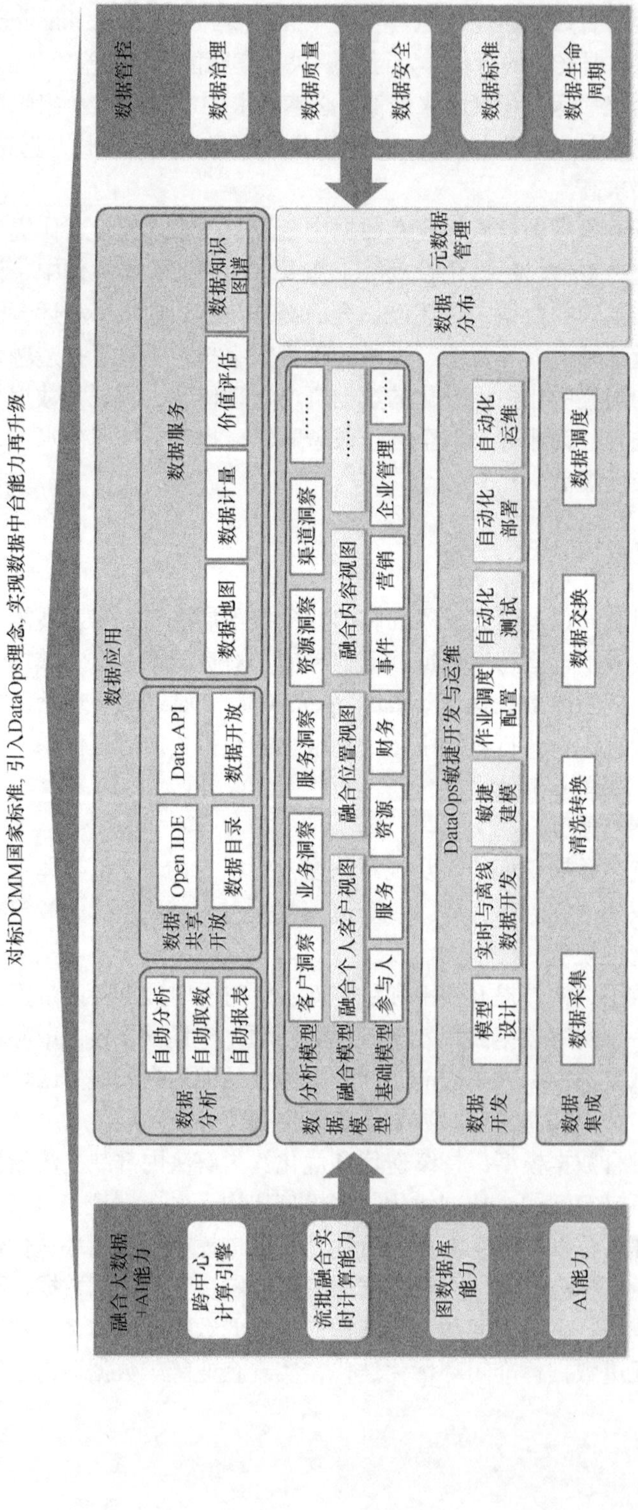

图6-5　某运营商数据治理框架图

（5）引入 DataOps，融智开发运营：引入 DataOps 加强集中化的数据支撑与管控，在 PaaS 工具上加强数据管道编排，实现工作流、数据流可视化，以增量迭代的方式进行设计、开发、测试和上线，并引入智能运维。

（6）标准数据服务，搭建组装平台：为解决能力建设松散化、缺少能力目录等问题，建设能力组装平台，萃取沉淀了模型能力、计算能力、数据能力、AI能力，通过多资源服务、应用服务和微服务等三类方式进行开放。

目前已建立了基于数据中台的企业统一数据资产管理体系，涵盖数据组织与流程、全域数据融通、流批一体计算引擎、创新的数据交互、数据资产计量计费、可靠的数据质量与安全等方面，具备领先的数据服务能力、完备的数据管控能力、全面创新的数据变现能力，能够快速高效安全地支撑企业内外部大数据应用，实现大数据与企业生产运营的全流程嵌入与深度融合，提升决策、执行、监控的智慧化水平，为业务运营注智赋能。

6.4.3　应用成效

企业通过基于数据中台的数据治理体系构建，全面提升数据运营能力和服务水平，取得较好的应用成效，具体如下。

（1）提升公司数据治理水平。本案例围绕 DCMM 的数据战略、数据治理等八大能力域，针对资源、数据、应用进行标准及管理制度的制定，建设企业级数据管理体系和面向可持续运营的健康评估机制，通过采集内外部应用使用反馈促使数据治理等管理规范和标准更趋于完善，该案例通过 DCMM 数据管理能力成熟度量化管理级（4级）评估，保持数据治理水平业界先进性。

（2）提高数据服务能力。针对公司数据接入量巨大、实时性要求高、数据信息孤岛等问题，构建支撑多种数据源、异构数据格式的统一数据集成融合能力，打造满足海量流批数据实时融合计算、跨域联合协同计算、大数据与 AI 的数据融通等业务场景的统一算力基础底座，不断提升数据服务能力以解决复杂业务场景的难题。

（3）促进数据应用。基于 DataOps 的思路建设数据中台，打造敏捷组装平台，将数据服务嵌入生产经营全周期，提升决策、执行、监控的智慧化水平。通过汇聚全域数据，沉淀 BOM 三域跨域融合的统一数据资产，以"共享、开放的数据服务"支撑全网数据复用，支撑大数据应用的敏捷组装以及快速赋能各类业务管理场景，最大限度地发挥数据使用者的主观能动性，带来业务创新，有效地促进了数据在 5G+、综合网格、政务、扶贫、公共安全、交通、文化旅游等内外部的应用。

同时，该运营商不断以数据智能驱动企业数字化转型，实现数据赋能内部运营和外部变现。案例成果广泛应用于实时精准营销、综合网格运营、外部行业客户数据技术、信息技术和通信技术融合（data information communication technology, DICT）项目，取得了显著的效益。该运营商向政府部门提供超 1800 份疫情大数据报告，行程查询服务使用超 8.54 亿次，发送疫情防控短信 463 万人次，核酸采集点人流分布查询使用 450 万人次，获省交通厅、卫健委、疾控中心等感谢信。打造的全国首个电商扶贫平台和支撑的台风预警公益信息服务获得媒体广泛报道及社会各界高度认可。

总之，本案例通过构建基于实时数据中台的标准化的数据资产管理体系提升了数据治理能力和服务能力，借助数据中台推进数据管理多维度创新，支撑公司个人、家庭、集团和新业务市场融合发展，实现了数据赋能内部运营、外部变现。同时为疫情防控、精准扶贫等工作提供了有力保障，有效促进了数字经济发展以及数据治理水平提升，彰显了运营商的社会责任感。尤其是在疫情防控工作上，该运营商依托数据中台的数据服务能力，成功应对了"数据处理压力大、数据精度要求高、服务低时延、服务并发量高"等疫情防控挑战，社会效益显著。

6.4.4　案例小结

本案例通过数据中台建设和运营加强数据治理能力，在数据标准、数据质量、元数据等方面全面发力，持续应用数据管理的工具与方法，推进数据治理工作，并将数据治理与数据中台运营管理过程相结合，有效持续提升数据中台的数据质量，加强数据中台服务能力，实现企业数据价值，支撑企业数字化快速转型。多数企业在数据中台建设中通常会遇到的问题和解决方案如下。

（1）数据缺乏标准与规范，难以有效集成与使用。数据中台需要集成内外部、各系统的数据，只有建立一致的数据规范，通过统一的模型容器，才能实现数据有效整合，避免数据误入"貌合神离"窘境。

（2）数据可信度偏低，导致数据不可用、不敢用。数据中台的数据来源为内外部的系统，其数据完整性、时效性、真实性都有待评估和度量，只有在数据中台建立完整的数据质量评估、问题发现、整改的机制与流程，避免数据"垃圾进、垃圾出"，才能不断提升数据中台的数据质量，使数据使用人员逐渐增强对数据中台所导出和展现数据的信任。

（3）数据没有业务视角的展现方式，业务人员不会使用。随着企业级数据应用的深入，风险、运营、营销等岗位的业务人员，需要更多地运用数据分析技术，因此了解和掌握数据情况变得尤为重要。而传统的开发人员所用的数据模型或者数据字典，作为一种描述数据的方式和语言，缺乏与业务场景的结合，偏重于技术角度，比较难于理解和应用。

（4）数据不可溯源，跟踪数据处理过程困难。数据中台为了能实现数据整合与高效应用，以及指标计算的复杂性，往往会进行多层的数据处理。而且数据处理的逻辑往往只是在程序或者文档描述中，存在结构化差、描述不全、不及时、不准确等情况。但数据中台所支持的应用越来越多，采集的数据也越来越多，加工过程会越来越复杂。因此对于数据来源路径分析、数据问题跟踪分析方面，工作量大且极为困难。

6.5　电网公司基于二级数据服务中台的数据治理案例

多级集团企业中二级单位的数据中台建设是承上启下的关键环节，需要兼顾实时数据采集和数据分析决策，是构建以数据驱动的运营生态的"主战场"。本案例以某省级电网公司二级数据服务中台建设为例，分析了公司总体战略要求和自身发展需要，提出科学合理的技术架构，通过基础设施、数据采集、数据资产管理和业务应用的分层设计和实施，建成符合实际的二级数据服务中台，有效推进数据治理体系形成，并取得较好的建设成效。

6.5.1　案例背景

某电网公司是中国南方电网有限责任公司（以下简称"南方电网"）的全资子公司，供电营业区覆盖 16 个州市，本部设 19 个部门，下设 31 个二级单位，是省域电网运营和交易的主体，承担西电东送和向越南、老挝送电的任务，是实施"西电东送""云电外送"和培育电力支柱产业的重要企业。2021 年，服务客户总数达 1665 万户，完成售电量 2775.75 亿千瓦时。随着各行业加快数字化转型，数据成为当下越来越重要的生产要素，对加强组织内部联系、提高生产效率发挥着重要作用。积极探索新的数据治理模式，全面开展数据资产运营，实现数据供给侧和需求侧的有效对接，满足公司业务发展对数据资产的应用需求，已成为公司重要的战略任务。

2021 年年底，《中国南方电网公司"十四五"大数据发展专项规划》发布，是中国南方电网数字化转型和数字电网建设领域发布的第一个专项规划，也是某电网公司数据治理的重要上位文件。该规划明确指出，将以数据为魂，实现业务数据化、数据业务化，充分发挥数据生产要素在数字化转型及数字电网建设中的创新驱动作用，对内促进业务变革和效益提升，对外打造能源产业新生态，推动公司"三商"（投资商、建造商、运营商）转型及新型电力系统建设。通过"数据资产管理体系"持续完善数据治理措施，使得公司的数据基础不断得到夯实。

本案例中某电网公司提出建设二级数据服务中台的数据治理方案，旨在以"数字南网"建设为契机，构建以数据驱动的业务运作、管控和决策体系，以及高效数字化的运营生态，提高自身提供灵活、可靠数据供给的能力，推动数据获取和使用服务化，提升集团资源的利用率，以此支撑公司向智能电网运营商、能源产业价值链整合商、能源生态系统服务商转型。

6.5.2　解决方案

案例中某电网公司作为二级公司，数据治理中既要按照上位政策规范要求执行，又要充分考虑本级和下级单位的需求和实际情况，生产经营和宏观决策都要兼顾。公司建设的二级数据服务中台分为承载层、采集层、管理功能层和应用功能层，如图 6-6 所示。

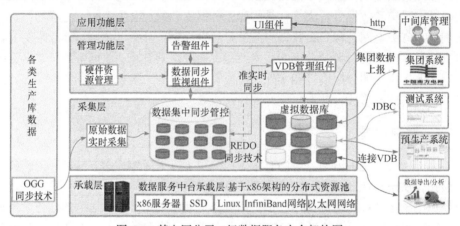

图 6-6　某电网公司二级数据服务中台架构图

（1）承载层。承载层整合了集团原有中间库数据，实现统一纳管。该层构建了以 x86 架构为基础的分布式数据存储资源池，在高可用易扩展的基础上通过硬件管理、资源管理、监控等功能实现资源统一分配、管理与运维。承载层使用了数据库一体机，提升了性能和容量，实现了多租户、高可用、高安全的分布式存储和资源统一管理。

（2）采集层。采集层采用数据复制软件、自动化的同步监控工具等，实现原始数据从生产端到二级数据服务承载端的实时采集、同步监控、脱敏、传输加密等功能，保证安全高效地采集电网数据。

（3）管理功能层。管理功能层实现了二级数据服务平台数据的统一入口访问、角色权限分离、数据脱敏转换、数据有效验证和追踪溯源审计。在数据安全管控方面，开发和运维人员通过基于 Web 的统一数据操作平台，进行数据访问、操作、分析和管理，或通过访问受限的方式，在限制区域使用管理工具访问数据中心，让数据操作有据可循，保障企业数据安全。

（4）应用功能层。应用功能层是二级数据服务中台对外提供数据价值服务的核心功能层，具备数据加工、处理、存储、应用、分发、建模、统计分析、可视化报表等功能。本层架构采用 IT 信息化的系统分析方法，对系统过程、业务目标进行全面的分析和抽象，将具体的业务实现按照功能模块组织形成相应的功能域。同时，利用数据备份一体机，实现了实时和远程数据复制，提供了一键式操作，流程快速便捷，使公司电网数据使用更加灵活。

6.5.3　应用成效

本案例通过建设一个集数据承载、采集、管理、应用于一身的二级数据服务中台，利用集中统一管理、脱敏、溯源等手段，使某电网公司对公司数据的来龙去脉有了全面掌控。同时向应用开发测试、大数据平台分析、云端数据同步等环节提供优质服务，实现了电网数据资产集成管控，提升了信息化管理水平。

（1）数据管控能力提升。针对公司中间库的历史问题，二级数据服务中台对数据进行集中管控，降低了中间库维护工作量，提高了业务保障水平和效率。

（2）数据利用效率提高。二级数据服务中台实现了应用系统权限、数据访问控制、脱敏、清洗、验证等功能，可以快速支撑业务部门数据导出、分析、测试环境还原恢复的业务需求。平台能够对系统开发、运维等信息化专业工作提供快速的数据服务响应，如系统开发和运维过程中的版本发布等，从而减少测试环境中的数据过时、获取难度大、人工编造数据无法暴露系统异常等问题，提高数据的利用效率。

（3）数据管理更安全。一方面，二级数据服务中台实现了统一的数据分发，通过实时采集，快速有效性验证等功能，逐步取代为满足原有各类对数据获取需求而建立的数据分发渠道，确保数据出口统一管理，减少数据外泄的风险。另一方面，服务中台能够确保实现生产库到二级数据资源池可实时、可监控、可验证、可靠使用、可单实例恢复、可反推的目标，明确了数据操作的人员和行为，可以对数据追踪溯源，支撑公司建立起数据安全体系。

总体来说，本案例通过二级数据服务中台建设提升了电网数据治理能力和综合应用水平，充分发挥了企业数据资源价值，有效地提高了企业经营与信息管理的效率，推动了企业效能的全面提升，助力公司树立良好的社会形象。

6.5.4　案例小结

在多级组织架构的企业中，各个层级都涉及数据中台建设问题，而每个层级的建设思路和侧重点是不同的，需要考虑全局战略，准确把握本级需求，明确建设重点和任务，才能避免信息孤岛和重复建设。若处理不好多级关系，数据治理过程中会出现一系列问题。

（1）各级之间数据孤岛现象越来越严重。各级各个业务系统数据各自存储、各自定义，数据无法有效连接、数据分散、指标重复建设、数据实用价值低的现象普遍存在。

（2）数据缺乏整体上的全生命周期管理。生产、经营、市场等不同业务板块的数据不能互联互通，更无法传递到决策、运维阶段，严重影响后期数据治理工作顺利推进。

（3）数据能力未能统一积累和沉淀。数据服务化程度低，数据共享和交互缺乏整体协同性，无法完成数据资产统一管理和形成合力，使数据资产的价值大打折扣。

因此，多级数据中台建设需要以数据共享开放为原则，抓住生产数据规范采集和应用分级设计两条主线，消除数据烟囱，统一数据标准，实现多源异构数据融合。同时兼顾各级业务特点和个性化需求，通过全域数据采集、数据萃取与分析等关键技术方案设计，构建科学合理的数据服务中台。本案例对多级组织架构企业的数据服务中台建设具有一定的借鉴意义。

6.6　互联网公司面向应用的数据治理体系建设案例

如果在大数据时代不重视数据治理，再多的技术投入也是一种徒劳，因为没有数据治理，会带来随处可见的数据不统一、难以提升的数据质量、难以完成的模型梳理和难以保障的数据安全等，源源不断的基础性数据问题会不断产生，进而导致数据资产无法真正发挥其商业价值。互联网企业对数据实时性、准确性和一致性要求更高，需要可靠、快速、安全的数据治理体系支撑，才能在应用和商业竞争中立于不败之地。本案例以某互联网公司为例，以企业数据价值化为主线，构建完整的数据治理体系，设计对应的技术实施方案，以支撑公司商业模式的顺利落地。

6.6.1　案例背景

大数据时代的到来，让越来越多的企业看到了数据资产的价值。将数据视为企业的重要资产，已经成为业界的一种共识。某互联网公司作为一家原生的数字企业在业务经营过程中产生了大量的数据，为充分发挥数据价值，其一直在积极探索通过加强数据治理、提升数据资产管理的方法和路径，形成面向应用的新业务新模式。

但目前该互联网公司在数据管理方面存在的问题比较多，主要表现为：标准化的规范缺失、数据质量问题比较多、成本增长非常快以及数据安全控制弱等，使数据应用价值降低、应用服务无法顺利开展。为此，本案例中，该互联网公司提出了数据治理的系统性解决方案，以支撑数据商业应用和服务质量提升。

6.6.2　解决方案

1. 制定数据治理策略和实施路径

该公司首先制定面向应用和商业价值的数据治理策略和实施路径，根据业务发展要求并针对公司在数据管理方面存在的问题，提出了公司的数据治理策略和实施路径，如图 6-7 所示。

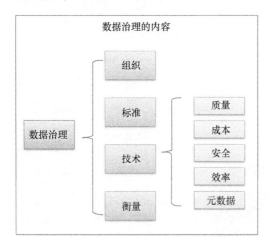

图 6-7　某公司数据治理策略和实施路径图

该公司数据治理体系的内容划分为几大部分：组织、标准规范、技术、衡量指标。整体数据治理的实现路径是以标准化的规范和组织保障为前提，通过技术体系整体保证数据治理策略的实现。同时建立数据治理的衡量体系，随时观测和监控数据治理的效果，保障数据治理长期向好发展。

（1）组织和标准方面。组织方面，成立一个虚拟组织数字管理委员会，主要组成是技术部门和业务部门，技术部门是业务数据的开发团队，业务部门是业务数据的产品团队，这两个团队主要负责数据管理的实施，各自对接技术团队和业务团队。

标准方面，开展数据采集、数仓开发、指标管理、数据应用、数据生命周期管理全链路数据标准化建设。主要围绕业务标准、技术标准、安全标准和资源管理标准展开。通过业务标准，指导一线团队完成指标的规范定义，最终达成业务对指标认知一致性这一目标；然后通过技术标准来指导研发团队规范建模，从技术层面解决模型扩展性差、冗余多等问题并保障数据一致性；通过安全标准来指导加强数据的安全管控，确保数据拿不走、走不脱，针对敏感数据，用户看不懂；通过资源管理标准的制定，帮助事前做好资源预算、事中做好资源管理、在事后做好账单管理。

（2）技术方面。技术方面主要从质量、效率、成本、安全、元数据等维度构建完整的技术体系，保障数据治理的实施。同时，为能够全面地衡量数仓治理的效果，建立数据衡量指标体系，总体分为五大类：质量类、成本类、安全、易用性和价值。

2. 构建面向应用的数据治理体系

数据治理体系框架如图 6-8 所示。

图 6-8　某公司数据治理体系框架图

数据治理整体系统架构主要包括业务系统、数据仓库、指标管理、数据接口、数据产品和数据管理六个部分，从统一数仓建模到统一指标逻辑、统一数据服务和统一产品入口，整体保障了数据的质量。同时，通过治理组织、治理衡量指标、流程规范、数据安全、数据成本、监控报警实施数据管理。

（1）数据仓库层。数仓建模规范包括事前、事中和事后三个阶段的规范，通过统一数仓建模提供数仓明细层、组件层、主题层和集市层。数仓建模规范过程如图 6-9 所示。

数仓建模规范事前会有标准化文档给大家提前理解、宣贯，事中很多标准化的事项会通过配置化自动约束规范，事后会有上线时的检验和上线后每周定期检验，检验数据仓库的建模规范是否符合标准，把不符合标准的及时提示出来、及时改进。

（2）指标管理层。通过统一指标逻辑提供指标管理、维度管理、模型管理和查询逻辑等功能。指标管理系统化主要做到了流程管理标准化、指标定义标准化和指标使用标准化。

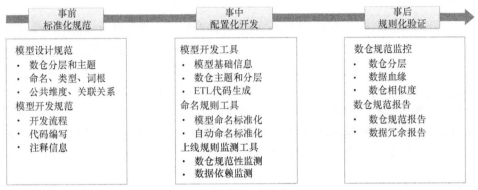

图 6-9　某公司数仓建模规范过程图

（3）数据接口层提供统一的存储层和服务层的数据服务。

（4）数据产品层通过统一产品入口提供分析决策产品、业务销售产品和数据资产管理产品。

3. 构建数据治理运营保障体系

构建面向公司商业应用的，满足实时性、可靠性和积极性的数据治理运营保障体系，如图 6-10 所示。

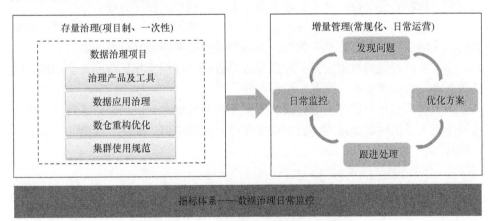

图 6-10　某公司数据治理运营保障体系图

数据治理运营保障在底层均依赖数据指标体系进行监控，将数据治理作为日常运营项目做起来，主要分为对存量数据治理和增量数据管理两个部分，对存量数据治理以一次性、项目制的方式，基于集群使用规范、数仓重构优化，利用数据治理产品和工具开展数据应用治理；增量数据管理部分从发现问题到提出优化方案，然后跟进处理，再到日常监控构成一个循环，开展常规化日常运营管理。

6.6.3　应用成效

本案例中的互联网企业通过制定数据治理策略，构建数据治理体系，在数据标准方面，制定了业务标准、技术标准、安全标准、资源管理标准，在系统架构方面从统一数仓建模到统一指标逻辑、统一数据服务和统一产品入口，整体保障了数据的质量。同时，利用组织、规范、流程等手段持续对数据质量、数据安全、资源利用等各方面进行治理，保障了数据生产、管理、使用安全合规。并在数据易用性上下功夫，持续降低用户的数据使用成本，有效提升了公司的数据治理能力，兼顾了质量、安全和经济的平衡。

6.6.4　案例小结

面向商业应用的数据治理侧重于数据的价值化和服务质量，但必须以数据质量、合理技术架构和安全可靠为基本前提。因此，消除数据的不一致性，建立规范的数据标准，提高数据治理能力，实现数据内外共享，并能够将数据作为企业的核心资产充分应用于业务中，发挥数据资产价值变得尤为迫切和重要。企业面向应用的数据治理体系建设通常关注以下问题。

（1）业务驱动数据标准。首先规划商业模式，制定业务标准、技术标准、安全标准、资源管理标准，从而保障了数据生产、管理、使用合规。

（2）构建高效数据架构。通过数据共享、性能测算、业务口径下沉等手段提升模型灵活性，并保障数据一致性，消除跨层引用和模型冗余等问题。

（3）全过程保障数据安全。加强对敏感数据和数据共享环节的安全治理，保证数据拿不走、走不脱，隐私数据看不懂。

（4）全流程元数据建设。打通从数据采集到构建再到应用的整条链路，并为数据使用人员提供数据地图、数据可视化等元数据应用，解决"找数""取数""影响评估"等难题。

第7章 数据要素驱动业务创新应用类案例

数字经济时代，数字化的数据资源已成为驱动产业创新发展的关键要素，数据要素驱动的价值创造新范式正在孕育形成，推动着各行各业的生产方式、商业模式和资源配置方式发生全局性的深刻变革。伴随着生产资料和生产流程的全面数字化，所产生的实时采集、自主流动的数据，将全面连接和融合生产者、原料、设备及产品等各类要素信息。各类信息的融合激发了各类要素在生产活动流转过程中所创造出的价值释放潜能，并引发各类要素的解耦、裂变和重构，促进生产力和生产关系的双向变革，从而提高全要素生产率。本章围绕数据驱动业务发展总体思路，介绍了 5 个不同行业企业基于数据要素驱动赋能实现智慧管道运输、智能运维、智慧车辆管理等领域的实践案例。

7.1 管道公司管道大数据平台案例

随着数字技术飞速发展，各领域生产经营建设环节发生了极大转变，管道建设及运输行业的数字化水平日渐提升，管道工程与各实施运营环节也稳定步入信息化时代，面临如何通过数据应用提升业务管理水平的问题。本案例中某管道公司抓住数字时代发展机遇，通过构建管理大数据平台，为公司科学决策提供有力保障。

7.1.1 案例背景

在国家信息化、数字化及智能化战略的快速推进下，各领域的信息化建设都发生显著变化，物联网、云计算、大数据等信息化技术的广泛应用为我国工业企业指明了新的发展方向与突破点。某管道有限公司作为国内屈指可数的专业从事固体物料浆体管道输送技术研发、管理、服务的科技型"高新技术企业"，主要承担区域内的固体物料管道输送网、多级跌落铁精矿输送管道、高压输水管道的运维和管理等相关工作。为提升管道运输效率，一直以来公司高度重视信息技术在推进管道运输数字化、智能化中的运用。近年来，针对一直以来困扰和制约企业如何通过精准数据实现管道业务拓展的问题，公司将基于大数据、物联网和云计算等新一代技术，开展管道大数据分析，促进管道大数据在管道矿物输送的创新应用，构建"互联网+智慧管道"的发展体系，实现管道大数据互联互通和开放共享，为管道运输科学决策提供有力支撑作为公司战略布局的重要一环。为此，公司决定建设管道大数据平台，旨在通过加强管道大数据综合应用和集成分析，打通网络体系、经营管理体系、服务管理体系，以大数据分析为手段、以数据为核心，从根源上打造管道运行的优质管控体系，促进公司管道业务的高质量发展。

7.1.2　解决方案

按照"物联网+智慧管道"的建设思路，融合大数据、云计算等先进技术，以"感知环境、智慧管道"为设计理念。基于"共性平台+应用子集"的建设模式，以现有系统的底层数据为依托，建设管道输送大数据可视化平台。建立面向大数据应用的主题数据仓库；以数据仓库为基石，存储、分类、整理管道运行体系主题应用数据；以大数据平台为底层支撑，查询、统计、分析、挖掘、计算各类数据，形成大数据应用系统；以大数据可视化平台为手段，从服务于管道监管的多角度图形化体现大数据的价值。

1. 管道输送大数据平台总体框架

管道输送大数据平台主要围绕 1 个平台、C 个中心（center）、S 个支撑系统（system）和 B 类业务（business）的模式进行构建，管道输送大数据平台总体框架如图 7-1 所示。

平台通过对管道运行生产、设备维护等数据进行采集、清洗、治理、存储、计算、分析和可视化呈现，发现数据真正的价值，并反馈指导生产组织。平台建立统一数据管理系统，采用多种存储架构，含 Hadoop、大规模并行处理（massively parallel processing，MPP）、传统数仓；建设分析模型，通过专业的大数据数学分析模型和大数据处理，实现大数据应用的数据分析和处理；通过随意拖拽、组合等多种方式就能实现报表的构建，完成可视化的呈现；彻底打破"信息孤岛"，实现数据共享，系统互联互通。

（1）C 个中心核心功能。①管道运行控制中心：主要完成管道运行实时状态监控、管道安全经济运行分析、固液分离数字车间及智慧泵站建设；②管道设计与分析中心：完成管道基础实验分析、管道虚拟设计与运行模拟；③管道健康管理中心：主要实现管道结构监测及设备在线监测分析；④管道安全可视化管理中心：主要实现巡检车辆和巡检员的轨迹跟踪与监控、现场检修安全检测。

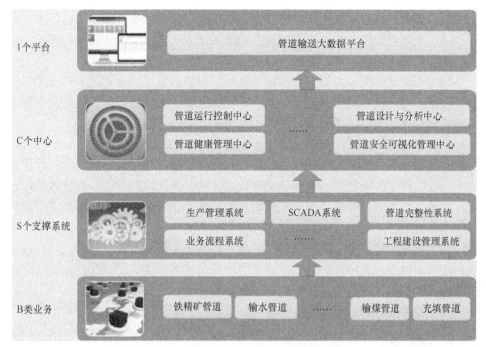

图 7-1　管道输送大数据平台总体框架图

（2）S 个支撑系统的本质是说明平台的数据源，包括了管道公司已有的管道系统、业务流程系统、生产管理系统及工程建设管理系统等数据。通过此次平台建设，真正意义上实现了管道公司已有多部门、多业务孤立系统的融合和数据贯通。

（3）B 类业务是指平台涵盖了管道公司目前主营的铁精矿管道、输水管道、输煤管道等多源数据。通过此次平台建设，为深入挖掘多源业务数据的潜在价值提供了坚实的平台基础。

2. 平台实现过程核心要素

（1）数据源：按照目前的规划，主要包括两大类的数据来源，基于现有信息系统的数据来源，包括管道公司能源管理系统及其他业务系统的数据；基于网络和关联管道的外部来源数据，如网络关联管道数据、政府公示关联数据等。

（2）数据采集：通过 ETL 与网络爬虫技术，实现数据抽取、数据转换、数据修正、数据脱敏、数据加载功能。数据抽取即从业务系统抽取数据的过程；数据转换即将获取的数据按照需求转换形式，并对错误、不一致的数据进行清洗和加工；数据加载即将转换后的数据加载到数据仓库的过程。

（3）数据资源管理：数据采集后汇聚到基础数据汇聚库中，再经过数据治理过程，对数据进行清洗比对，最后将处理过的数据存入专题分析库，对于非结构化的数据（如各种监控视频或者图片文件等），存放在数据存储中进行管理。

（4）大数据应用：根据管道输送方面大数据分析实际需求，可以按照相应的主题和应用需求进行不同的应用分析。

（5）可视化呈现：大数据分析结果最终需要展示出来，要"让数据说话"，就必须使用可视化功能，通过自由报表、多维分析、仪表盘等可视化工具，把复杂的数据信息，清晰明了地展示出来。

3. 平台技术创新性

（1）实现数据采集的准确性、多样性、实时性、可视化性。基于新一代信息技术不仅实现了各类数据的自动采集和快速传输，保证数据及时、准确地获取，而且扩展了数据的多样性，满足了长距离管道输送业务的多维度、可视化安全管理需求。

（2）提高了管道安全运维管理的灵活性。站场工作人员基于新一代信息通信技术能不限时空地利用计算机、手机等联网设备使用各类应用软件，实现对管道生产设备的智能操控、安全防护监督及远程监控等。

（3）业务分析和决策更加及时准确，提升了风险预控和完整性管理水平。

7.1.3　应用成效

平台实现了系统与物联网、云计算等新兴技术及管道完整性管理系统的有效结合，实现管道数据的自动采集、生产过程的实时监控、管理模式的优化等，提高原有系统的应用价值。平台的建设实现了公司管道业务风险控制、成本控制、流程控制、责任控制和安全控制，以及生产精细化、流程精细化、成本精细化、知识精细化，降低企业安全风险，促进企业降本增效。具体成效如下所示。

（1）面向生产优化管理：实现在线优化，提高管道输送操作能力，提升管道运维网水平。通过计划生产协同优化，使得计划调度、操作形成闭环管理，提升计划优化水平，提高了经济效益。

（2）面向生产操作管理：实现自动化、移动化协同操作管理，提高生产质量和生产效率，对于操作进行自动预测、预警控制、智能干预等。

（3）面向能源管理：实现能源可视化、能效最大化与在线可优化。通过对能源的产生、消耗、输送进行实时监测，动态优化，提高能效利用，起到了很好的节能减排作用。

（4）面向设备管理：实现了数字化、可视化管理，提升了检维修决策能力和设备管理水平。管道泵站都实现了三维数字化预警诊断平台，将培训和设备检维修以及三维的数字化结合起来，提高了设备健康诊断的深度管理水平。

（5）面向决策支持：实现信息的全面可视化，提升预测预警动态分析和服务决策能力。

（6）开展基于大数据的挖掘与分析，提升精细化生产管理水平；根据收集的数据进行报警大数据分析，查找报警根源，为操作人员对工厂事故报警处理提供了宝贵时间。并进一步对关键机组故障预测分析，通过大数据分析可以做到设备预知性维护和健康管理。

7.1.4　案例小结

本案例中，某管道有限公司顺应"互联网+"和大数据发展的历史潮流，在管理思路上做出大转变、大提高，充分发挥信息化的作用，通过精准数据管控和分析应用赋能公司管道业务的拓展，基于"共性平台+应用子集"构建管道输送大数据平台，实现了管道公司已有多部门、多业务孤立系统的融合和数据贯通，降低企业安全风险，促进企业降本增效，对大数据服务支撑管道业务发展具有良好的典型示范意义。

7.2　电力设施智能运维数据应用服务平台案例

电力行业是经济社会运行的基础设施，随着电力信息化深入开展，电力大数据的有效应用可以面向行业内外提供大量的高附加值的增值服务业务，对于电力企业盈利与控制水平的提升有很高的价值。有电网专家分析称，每当数据利用率调高 10%，便可使电网提高 20%～49%的利润。电力行业的数据源主要来源于电力生产和电能使用的发电、输电、变电、配电、用电和调度各个环节，可大致分为三类：一是电网运行和设备检测或监测数据；二是电力企业营销数据，如交易电价、售电量、用电客户等方面数据；三是电力企业管理数据。通过使用智能电表等智能终端设备可采集整个电力系统的运行数据，再对采集的电力大数据进行系统地处理和分析，从而实现对电网的实时监控；进一步结合大数据分析与电力系统模型对电网运行进行诊断、优化和预测，为电网实现安全、可靠、经济、高效地运行提供保障。本案例中某电力设施运维企业，聚焦电网检修运维领域，通过构建电力设施智能运维大数据服务平台，实现对电网企业检修指标的实时在线监控，为公司检修策略制定提供指导和服务，同时提升公司运营效率和改善客户体验。

7.2.1　案例背景

当前，以数字技术为代表的第四次工业革命正在加速改变世界，引领生产模式和组织方式的变革。云计算、大数据、人工智能等创新技术也深化应用至电力系统各环节，加速推动"智能电网"的建设，对电网作业模式、企业管理流程再造、企业组织结构变革等方面产生深远影响。用户端电力设施作为电网面向用户端的重要环节，其智能化运维水平是影响"智能电网"建设的关键因素。

　　某电力设施运维企业业务范围主要是电力成套装备制造、工程成套安装及技术服务、智能运行维护、新能源装备等。但因为传统电力设施运维企业技术手段落后、管理模式颗粒度偏大等因素带来了响应机制落后、服务观念薄弱等问题使得用户端电力设施维护水平较低，影响电网运行效率，具体表现为：一是大部分传统的配电系统中，通常情况下，都是通过配置模拟电流表或电压表监视回路的运行状态，没有真正意义上的电力监控，不能实时监控，及时发现、解决电力系统出现的故障；二是数据的记录方式全靠人工，回路的开关也是由工作人员手动操作的，大大降低了工作效率，浪费了人力资源；三是缺少服务的标准化体系，人员调配随意性大、效率不高，使其成本高、响应慢。为了解决上述运维领域的问题，智能运维的呼声越来越高。基于云计算、大数据、移动通信等技术的电力设施智能运维系统取代传统电力运维已成必然。在激烈的市场竞争中，为有效提高电力设施运维效率，不断提升公司核心竞争力，本案例中某电力设施运维企业通过与某信息科技公司开展合作，建立电力设施智能运维大数据应用服务平台，旨在通过推进电力设施实时监控和远程智能运维，提升电网的运维效率，使企业适应时代发展和市场变化的需求。

7.2.2　解决方案

　　为解决上述电力设施运维领域中存在的问题，本案例中某电力设施运维企业以"互联网+电力"的理念，依托合作伙伴在先进计算、大数据、工业核心算法领域计算优势，联合开发了集数据采集、传输、分析、监控、保护、控制、报警诊断等功能为一体的电力设施智能运维大数据公共服务平台，实现电力设施远程运维和决策智能化。

　　1. 电力设施智能运维大数据平台

　　电力设施智能运维大数据平台架构如图 7-2 所示，平台基于云计算，分为基础设施即服务（infrastructure as a service, IaaS）、平台即服务（platform as a service, PaaS）、应用软件即服务（software as a service, SaaS）三层架构，构建了物联平台、应用平台、数据平台三大平台，支撑设备智能化、运行智能化、检修智能化、管理精益化和决策智能化等应用。平台充分利用物联网（internet of things, IOT）技术、大数据、人工智能（artificial intelligence, AI）技术以及其他辅助设备，提供便宜快速便捷的物联接入服务、大数据分析服务、产品运维 SaaS 服务等端到完整解决方案，让电力装备产品物联上云，进行设备信息的收集、传输、储存、加工、分析、预测、更新和维护，并以平台为依托，结合现代互联网技术、云计算技术和大数据等，连通线下应急抢修公司，开展远程运维服务，支持高层决策、中层控制、基层运作，提高设备工作效率和维护维修效率。同时通过数据分析实现安全、节能、高效的智能用电管理，实现"线上线下+云平台"大数据实时联通，使得配电室管理更加智能化，从而大幅度提升配电室管理水平并且显著降低成本。

图 7-2　电力设施智能运维大数据平台架构

2. 配电室智能运维终端

根据运维需要和兼顾电力需求侧管理需要，在配电室安装终端数据采集器、电力计量器具和重要回路的温控监测，实现对变配电室的视频监控和数据采集，及时发现非相关人员进入和异物闯入危及安全运行，并可进行事故调查回放；安装烟感温感报警装置，及时发现线路绝缘老化等异常；安装基于可见光、红外及电磁侦测的轨道式/磁道式配电房自动巡视机器人，代替或辅助人工进行设备巡检及状态检测。

3. 构建"线上+线下"电力设施智能运维服务体系建设

为维护电力系统的安全稳定运行，保证电能质量，针对配电设施、用电设施，根据电力行业工作标准制定进行安装调试、运行监测、维护保养、设备检修等专业服务的"线上+线下"电力设施智能运维服务制度和流程规范，组建线下应急抢修服务中心，为客户提供配套"线上+线下"电力智能运维服务，通过上述一系列的服务，提升运维的可靠性和效率，提高供电可靠率，提高配电室运行安全可靠性，把"被动抢修"转变为"主动运维"，帮助客户实现"安全、经济、优质"的用电目的。

7.2.3　应用成效

1. 提升电力设施运维的服务质量和效率

平台应用"互联网+"技术，实现托管运维集中化管理，实现全程自动化在线监测，提升托管运维的服务质量、提高设备运行可靠性和效率，有效降低电力使用企业实施远程运维的门槛，快速转变服务模式，提升服务智能化水平。一是智能运维集中监控模式实现 1 个人可以同时管理 200 个以上配电装置，可大幅节约人力、物力。二是结合远程视频监控，为运维管理人员提供实时监控可视图像，通过视频监控及终端数据采集器查看各托管运维设备的运行状态，预防各种事故发生时的处理不到位，及时定位到事故设备点，实现设备远程实时监测和故障定位。三是基于丰富的工业数据处理经验和云平台强大的数据计算和存储能力，对不同数据源的数据进行探索、清洗、验证、融合、分析，支撑对配电室运行维护的智能化、集约化和专业化管理，可实现设备故障诊断、智能检修、智慧巡检等智能运维保障，提升设备、运行、检修的智能化水平，促进管理精益化和决策智能力。

2. 为用户提供"一站式管家"服务，提升客户用电体验

一是为用户提供 7×24h 服务，支持手机 APP，用户可随时通过手机查看设备的用电量及运行状况。二是解决用户端电工技术水平参差不齐、用工多、成本高、效率低的难题，提供从设备巡检、保养、维修维护到合理用能、有序用能及节能改造的"一站式管家"服务，提升客户的用电体验。

3. 基于大数据分析应用，创新业务内容

一是从应用大数据技术角度，基于客户用电数据的采集和分析，实现用户用电行为分析和用户画像，可为电网精准定位目标用户，为供给侧服务。二是从用户透明用电、绿色用电角度，通过用电可视化、分项电量清单、分项电器能效分析及建议，为需求侧服务，从而打通供需两侧的渠道，全方位增强双向互动服务能力。通过深耕原有客户，为培育业务新增长点取得机会。除智能运维外可向用户提供能源诊断服务，分析能耗合理性，提出整改建议，也可提供行业用能对标，推动企业进行节能改造，提升企业竞争力，不断为用户创造更多价值。

7.2.4　案例小结

配电智能运维作为新兴技术服务业态，符合各项国家政策及发展方向，既能为电力设施运维企业创造新的经济增长点，打造有行业特色的技术亮点，成为制造业服务化"创新、创优"的旗帜，也能为用户节约用电的运营成本，为用户提供更快更准更新的服务，从而为用户创造价值，为区域经济发展助力，为社会经济转型和结构调整出力，具有较好的示范意义。

在推广性方面，因电力设备大数据应用服务平台提供便宜快速便捷的物联接入服务、大数据分析服务、产品运维 SaaS 服务等端到端完整解决方案，让电力设施物联上云，开展远程运维服务不再是一件难事，能有效降低电力使用企业实施远程运维的门槛，快速转变服务模式，提升服务智能化水平，从而能有效解决制约当前电力装备制造业运用工业互联网开展远程运维服务创新的"拦路虎"，即"资金+时间+能力"的问题，因此，对广大信息化基础薄弱，信息化成本太高、信息化及智能化的投入和产出时间周期长、大数据分析及物联技术等专业能力不足的中小企业开展远程运维服务具有较广的推广价值。

在推广范围方面，电力设备大数据应用服务平台的运用，带来了运维效率的大幅提高及成本降低，从而为高压自管用户提供了一种专业、智能、可视化的运维服务模式；并且智能运维在技术上的整合创新及互联网技术的运用，保证了服务品质；配电室实行无人值守，线上线下相结合，推动了整个行业的进步，具体体现在提高安全等级及水平、节省配电室运营经费等方面，目前，国内已有部分电力运维企业开展远程电力运维业务，他们基于"互联网+大数据平台"技术，将传统的运维模式进行升级，提高信息化程度，以减少人工费用、提高维护效率和及时性，在信息高速发展及资源密集型城市，如北京、上海、广州等地已经有较成熟的技术和稳定的客户市场，据有关机构预测全国目标市场规模将达千亿，具有广阔的市场前景。

总之，本案例通过建设电力设施大数据应用服务平台，整合创新运用互联网及电力维护技术，为用户提供了一种专业、智能、可视化的智能运维服务模式，实现配电室无人值守，线上线下相结合，优化服务品质，提升运维效率，降低运维成本。而且通过对项目沉淀的大量用户用电量、用电模式等相关数据进行分析和挖掘后，可以制定出更加合理的电价和相关营销策略，从而提高电力资源利用率和客户的满意度。作为电力设施智能运维这一新兴技术服务业态中的一个典型代表，本案例具有较好的示范意义和应用前景。

7.3　轨道交通企业设备数据智能分析与预测案例

预测性维护是以状态为依据，对设备进行连续在线状态监测及数据分析，诊断并预测设备故障的发展趋势，从而提前制定预测性维护计划并实施检维修的行为。因其能避免"过剩维修"，防止不必要的解体拆卸、更换零部件，有效减少设备停机维修时间，尽早发现故障隐患，避免故障恶化等优势，从而成为企业提高设备管理水平的必然选择。本案例中，某轨道交通企业基于物联网、大数据及人工智能技术构建了基于数据智能分析的预测性设备维护平台，实现对公司设备的预测性维护和管理，提升了公司设备管理水平。

7.3.1　案例背景

近年来，在交通强国和新基建建设浪潮下，城市轨道交通建设蓬勃发展，某轨道交通企业面临良好的发展机遇，每年承建的隧道数量在 100 个以上，同时推进的隧道数量不少于 40 个。前期开展部分基于工业互联网平台的设备故障诊断及远程运维场景应用，将工业设备与先进的信息技术紧密结合，为客户提供数据采集、传输、存储和可视化展示，以及异常检测、盾位追踪等服务。

但随着工程量的增加，管理难度越来越大，企业面临一些新的问题：一是对机械设备、材料、方案与工法以及劳务等管理不足，影响整体业务流程的效率；二是缺乏有效技术手段，不能实时跟踪了解施工进展及盾构机等关键设备健康状况，不能进行风险预判，致使事故发生后轻则滞后项目进度，重则造成多人伤亡，造成国家资产流失。为此，该企业通过与第三方公司合作构建基于数据智能分析的预测性维护平台，采用预测性维修、统一管理等方法有效降低盾构机的维修与故障带来的高额成本，并解决了其他管理方面的不足。该平台涉及的数据量级庞大，历史数据显示盾构机每掘进 100 环就产生 400+万条数据，平均每条线路需要掘进 1500～2000 环，该轨道交通企业年均挖掘 100～200 条线路，即每年该轨道交通企业仅盾构机数据就已经达到了十亿条级别，传统 IT 很难胜任，数据治理无疑是其不二选择。

7.3.2　解决方案

为补齐企业在预测性运维方面的短板，提升企业绩效，某轨道交通企业与第三方合作构建基于数据智能分析的预测性维护平台，旨在实现工程精确设计和模拟，围绕施工过程管理，建立互联协同、安全监控、智能化生产等项目信息化生态圈，实现工程可视化智能管理，提高工程管理信息化水平。

1. 主要内容

(1)构建以盾构为中心的产品质量生命周期管理平台。

根据制造产品的特点、制造质量控制和管理的内容,构造产品的全质量管理系统体系结构。该体系结构以产品质量过程管理为框架,在产品生命周期内有效地进行各种活动,实现对产品质量的统一管理,并方便地提供给用户和应用系统使用。

(2)构建盾构法隧道施工相关数据模型。

全面分析该轨道交通企业的业务定义、规则和数据,经过抽象、归纳和集成,对数据进行集中、清理、补录和整合,构建基础设施建设行业数据模型,实现企业资源共享和统一的业务视图,支持各部门管理和业务发展的分析型应用。

(3)支持其他应用系统建设。

建设企业分析视图。逐步建设汇总数据层等数据平台系统基础功能,支持统计报表和分析型客户关系管理系统数据集市的要求和其他应用系统的构建。

(4)建设领导驾驶舱。

建设领导驾驶舱服务功能,为企业管理和决策层提供及时、精准的经营信息。实现对企业关键业务指标的统一管理,能够在“第一时间”统一、自动地产生所有指标,支持时间、机构等多维分析,支持历史趋势分析。

(5)逐步修订盾构机关键部件的预测性维修目标。

盾构关键部件维修费用昂贵,通过对关键部件传感器的数据进行收集,结合维修保养等数据进行预测性维修,使该轨道交通企业在设备维护保养上大幅节约成本、降低故障发生率,提高生产效率。

2. 平台总体架构流程

从技术架构方面,向上对接企业用户管理、角色管理、门户管理、统计报表和商业智能等客户应用,向下接入传感器、故障信号,将所有数据整合、存入数据库内,进行数据分析的可视化展现,业务端用户则可以得到基于大数据平台的统计分析和实现盾构机预测性维修与健康管理,数据分析的结果反馈于业务流程中,进而健全生命周期系统。系统架构如图 7-3 所示。

(1)数据获取/汇总。

平台的数据入口收集、汇总数据到数据库中,包括施工现场通过公有云上传的传感器数据和施工现场情况数据,重型设备的外部维修数据,以及土壤、地形、温度等环境数据,移动 APP 等应用端的业务数据。

(2)业务可视化。

结合专业的行业经验,提取数据库内关键数据信息,在应用中对数据进行可视化展示,包括指挥中心大屏、移动 APP、各种报表类应用端,便于各层级相关人员查询并远程监控工程和业务的实时进展和状态。

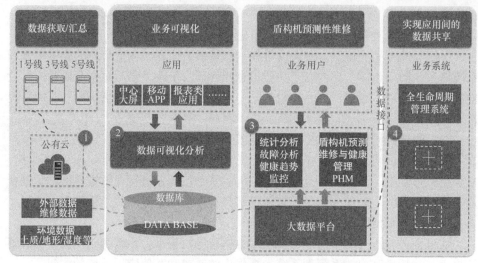

图 7-3　轨道交通企业智能管控中心系统架构图

（3）盾构机预测性维修。

利用第三方大数据平台，基于行业经验，建立分析模型，对庞大的数据流进行统计分析，实现了故障分析和健康趋势监控，找到了在施工过程中重型设备出现故障的根本原因；再经过长时间的积累，结合日常维护信息，最终实现盾构机的预测维修与健康管理（prognostics and health management，PHM）。

（4）实现应用间的数据共享。

第三方大数据平台通过数据接口，对业务系统数据分析结果进行反馈，作用于全生命周期管理等业务系统，实现应用间的数据共享，指导业务改进，提升整体业务流程的效率。

7.3.3　应用成效

1. 更好地了解实时施工情况

通过平台对各工程的施工进度、生产作业状态进行有效的监控，为合理安排施工作业计划提供决策支持。

2. 了解施工设备的健康状态

平台创建有效的异常检测模型，实现对关键部件的健康度进行实时监控和报警，为预测性维修提供决策支持，降低计划外停机检修时间，提升盾构设备的生产效率，有效减少关键部件的意外故障。

3. 降低盾构机的维修与故障带来的高额成本

借由预测性维修决策的支持，有效提高了盾构机械设备维修的周期，减少了维修次数。另外，提升盾构设备生产效率的同时，也大幅降低了因盾构设备故障所带来工期延误的高额成本。

7.3.4 案例小结

本案例将工业设备与先进的信息技术紧密结合，构建基于数据智能分析的预测性设备维护平台，具有强大的数据采集分析处理、数据可视化、设备运维、故障诊断、故障报警和定位追踪等功能。通过实时监测查看、统计、追溯，实现对其管辖设备的实时监测和运行维护，基于运行信息和检修信息、自动生成设备管理报表，实现设备可靠性、故障数据、更换备件等信息统计，为维修方案的制定提供依据。实现设备故障诊断及远程运维场景应用，通过预测性维修、统一管理等方法，有效降低盾构机的维修与故障带来的高额成本，同时也解决了其他管理方面的不足，是基于大数据分析进行预测性维护的典型案例，具有一定的借鉴意义。

7.4 新能源车桩一体化大数据平台应用案例

在国家"双碳"目标下，新能源汽车行业的发展成为解决石油资源短缺、降低大气污染的关键点，新能源汽车行业高速发展，与之配套的充电桩也将迎来爆发式增长。中汽协数据显示，2021 年全年，我国新能源汽车累计销量已达到 352.1 万辆，中国市场已有 261.7 万台充电桩，但与新能源汽车增长趋势差距较大，且调查发现目前市场上的充电桩存在的最大问题是充电桩布局不合理，缺口与闲置并存，严重影响新能源汽车用户体验和新能源汽车的进一步推广。因此，如何做到充电桩与新能源汽车"双量齐飞"，实现充电桩与有需求车主的精准对接，是推进新能源汽车普及需要重点关注的问题。本案例借助大数据、物联网等技术构建新能源车桩一体化大数据平台，对新能源汽车和充电桩进行实时监管后，可以产生各种汽车以及能源数据，通过供需信息的匹配，解决新能源汽车用户充电难的问题，也能为进一步优化充电桩布局提供数据支持，同时，还能为充电桩行业带来新的盈利模式，是数据要素汇聚融合促进新能源及充电桩行业创新发展的一个典型案例。

7.4.1 案例背景

新能源汽车及充电设施行业属于国家战略性新兴产业，发展新能源汽车产业既是推动我国汽车产业转型升级的重要抓手，也是拉动消费、加大投资、提振经济的战略举措。近年来，在国家政策的引领和指导下，某市新能源汽车行业有了长足的进步，但在新能源汽车和充电桩信息化管理方面存在的一些问题，一定程度影响了产业的发展速度，这些问题具体表现为：一是新能源汽车及充电桩管理信息化水平有待提升；二是充电桩短缺和充电桩利用率不足矛盾凸显，存在需求侧找桩难、供给侧建桩难和盈利难等问题；三是目前新能源汽车已广泛用于分时租赁、网约、出租等出行服务领域，每项业务涉及不同的运营商和不同的系统平台，使得新能源汽车的管理面临数据孤岛的问题，存在政府监管难的问题。为了解决上述问题，有效推进新能源汽车产业发展。本案例中某市依托大数据、云计算、人工智能等新兴技术，打造新能源"车桩一体化"大数据平台，对全市所有的新能源汽车及充电设施进行实时监测，统一管理。

7.4.2　解决方案

为解决充电基础设施与电动汽车发展不协调、充电难等问题，以及为保证数据的完整性、准确性、一致性，本案例秉承"数据服务于行业"的理念，充分运用大数据、云计算等新一代信息技术，打通企业级新能源汽车及充电设施数据的互联互通来构建新能源车桩一体化大数据平台。平台架构如图 7-4 所示，下面从五个方面对平台的主要功能进行说明。

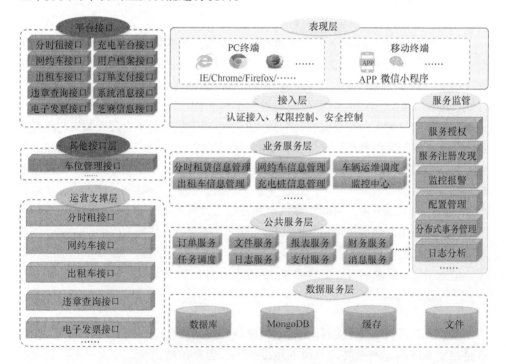

图 7-4　新能源车桩一体化大数据平台

1. 新能源汽车监测管理

该系统具有实时监控、预警、统计分析和数据服务四大核心功能。通过车载终端及相关智能传感设备，实现平台内新能源汽车及充电设施数据采集监测，及时反映车辆、充电桩的实时数据，充分做到了动态监控。预警功能通过对车辆的实时监控、报警信息的及时更新，以及通过稳态概率模型、风险累计模型等多种算法对数据进行分析建模，实现车辆故障三级分级报警。统计分析方面，平台利用大数据的海量数据统计处理分析能力，统计各用途的新能源车接入量、车辆运行状态、行驶里程和时长、厂商运行情况、耗电、节油、碳减排等。对接入的车辆，进行车辆运营状态分析、充电分析、异常分析、政策分析等四大板块统计分析服务，实现车辆里程、状态、故障率、充电信息等数据交叉、集成分析处理。数据服务方面，平台可实现按月自动发送全市车辆运行状态和重点安全故障数据报表服务，统计运营企业的车辆运行情况，如累计运行里程、累计充电次数、充电时间、电耗等，为里程核查、调研报告、决策制定等提供直接的数据支撑。

2. 充电设施监测管理

以充电设施相关数据的实时监测、统计整理及实时呈报为基础，通过充电设施的数据查询管理、运营情况统计、安全监控、价格合规监督、服务半径及充电设施覆盖率计算、车桩比实时统计、建设情况统计等功能，提供充电设施监管和运营管理服务。同时，全面展示实现充电设施的建设运营情况，实现科研经费发放、科研成果跟踪管理等监管功能。同时，以提升用户的充电服务体验为目标，通过整合全市充电设施的位置和状态数据，开发手机充电服务 APP，为广大新能源车主提供统一的充电服务。

3. 政府监管

构建新能源汽车及充电设施的建设、运营运行数据统计和数据报送的管理体系，并针对不同政府主管部门对新能源汽车行业监管的不同分工，开发相应的管理系统，建立"数据采集–数据存储–数据分析–数据呈现"的闭环管理流程，协助政府部门对新能源汽车进行管理。实现新能源汽车及充电设施的安全监管、产品质量评估、运行数据统计分析、大数据政策支持等功能。

4. 业务运营管理

业务运营管理包括分时租赁管理系统、网约车管理系统、租车管理系统和车辆运维系统等。

（1）分时租赁管理系统提供订单系统、客户会员管理、车辆资产管理维护、车辆控制点火/断电/锁门、网点车位自动智能化管理。

（2）网约车管理系统实现司机资质审核、车辆管理、用户叫车、计费管理、订单管理、服务评价管理、人车匹配管理、司机评分管理、投诉管理、运营数据管理、车辆卫星定位管理、应急报警管理等。

（3）租车管理系统提供周边的车辆空载查询系统、GIS 信息系统、基站、WiFi定位系统、用户叫车、路线导航、司机听单、评价系统、会员管理系统、数据分析系统等。

（4）车辆运维系统实现对站点、车辆、运维人员的管理，需要实现工单智能派遣、绩效管理、车辆报警管理、智能调度、站点管理等。

5. 数据汇集和开放共享

数据开放平台通过接入各厂商新能源电动汽车数据和跨运营商的充电设施数据，实现初始采集。之后按照需求进行标准化整合、存储，再结合大数据模型进行分析、处理，辅以全面、高效的查询分析，最终完成数据在平台的展现。同时通过对外数据接口提供统一的数据分析服务，将处理后的数据推送至上级平台或其他相关政府部门的监控平台，提供纵向和横向数据交互支撑，顺利完成平台对企业和车辆的有效监管及承上启下的数据中转功能。

7.4.3　应用成效

1. 提高新能源汽车及充电设施管理信息化水平

平台可实时接收车辆上报的包括整车、电芯、电池、驱动电机管理等61项管理数据，同时在故障情况下增报单体电池的温度和电压数据，用于对车辆故障事件进行追溯分析。也可接收充电设施上传的包括使用状态、运行状态、充电数据、故障告警信息等数据，以便对充电设施的使用情况进行动态化监控管理。实现对车辆和充电桩站的实时数据采集与监测，让新能源车及充电数据的收集、应用迈向信息化、智能化，管理也更为简单、方便。

2. 有效缓解找桩难和建桩难等问题

通过平台建设，统筹整合、开发利用新能源汽车各平台数据，开展车辆、车桩等监控数据管理及维护、平台数据校验服务及客户相关的驾驶行为、充电行为等大数据统计分析服务，通过新能源汽车大数据挖掘分析工作，优化资源管理，通过热力图、点位图、行驶轨迹等直观明了展现区域内新能源车使用、分布状态，以及充电桩的分布、运营情况。结合车辆使用数据为电桩部署、电网规划、交通疏导、停车场资源协调提供指导。平台通过对充电桩使用、分布数据的实时采集和统计分析，一方面可根据分析出的充电桩分布特点，使用频率等信息指导充电桩合理规划和建设布放，减少资源浪费，提高充电桩建设位置及建设数量的科学性和合理性，一定程度上缓解供给侧建桩难的问题；另一方面，再结合充电服务APP的建设和应用，当用户搜索电桩且区域内无空闲电桩时，主动推送其余空闲桩位资源并提供导航服务，可在一定程度上解决需求侧充电桩难找的问题。

3. 促进政府对新能源车桩的监管

平台通过信息化手段对新能源汽车和充电桩整体情况进行监测把控，有利于主管部门及时掌握全市新能源汽车推广应用及充电设施的建设和使用情况，为新能源汽车充电基础设施需求分析、规划布局、新能源汽车质量核查、安全监管和进一步完善新能源汽车推广配套政策制定及相关财政补助发放提供数据依据，帮助政府管理全市新能源汽车的补贴审核、推广和运行情况。同时，为本市行政主管部门和上级新能源汽车及充电设施监测平台提供查询数据接口，并通过与其他相关行业监控平台进行信息互通和资源整合，促进城市智能管理。

4. 数据驱动商业模式创新

平台可以收集大量的数据，如新能源汽车整机、运行、电池和用户的用车习惯及充电桩位置和使用情况等相关数据，通过对这些数据的挖掘分析，以数据为核心，优化行业模型，促进数据跨领域应用和价值创造。一是通过车辆大数据分析为相关配套服务建设提供规划指导，如餐饮、停车场等配套。二是结合新能源汽车产业技术升级和发展，为新能源汽车相关企业技术创新提供数据商业服务，基于信息平台大数据分析探索创新商业模式，横向挖掘信息平台在购车、维修、救援、保险、安全监管和其他消费等商业方面的功能拓展，在积极满足用户多样化需求、为市民带来便利的同时，也会衍生出一个巨大的充电桩后服务市场，为企业创造增值服务，拓宽企业营收渠道。

7.4.4　案例小结

本案例通过构建新能源车桩一体化大数据平台，将互联网技术、通信技术应用于新能源汽车及配套设施，实现用户需求和新能源汽车、充电设施的信息化交互，为政府、企业、公众提供高品质数据服务，是通过大数据平台建设促进新能源汽车产业健康有序发展的有益尝试，具有一定的借鉴意义。此外，该企业表示，未来还将进一步构建一个基于新能源汽车、智能网联汽车数据的数据中台。并基于大数据应用开放平台搭建一个开放的数据生态，将有价值的数据以及具有特征标签的数据，加上数据算法包，集中在这个平台之上，为上下游包括政府、研究机构及其相关产业提供数据资源的共享应用和服务支撑，实现互利共赢。

7.5　数据赋能城市治理之重点车辆管理案例

以人工智能、大数据和 5G 为代表的新一代信息通信技术是当前提升城市治理现代化水平的不二之选。针对当前城市治理中的重点车辆管控难题，本案例基于新一代信息技术构建了重点车辆治理平台，实现了数据赋能车辆管理，提高了城市治理智能化水平。

7.5.1　案例背景

近年来，随着城市建设推进，城市治理中的重点车辆管控难题日益凸显。工程车、危化品运输车等重点车辆带来了巨大交通安全隐患，而追溯以往对上述重点车辆的交通管理方式，多数采用经验为先、事后处置的方式，如交通拥堵治理、事故黑点防范、管控施工占道等，其主要问题体现在以下三方面：一是经验为先，交警部门只能以红黄绿三色简单标注交通运行态势，缺乏对道路整体状态、各个时间段车流量的把控，以及对危险路况的预判；二是粗放管理，以管企业、车辆为主，但实际上，驾驶员是违法违规驾驶的主体，应该作为重点车辆管控的抓手；三是事后处置，对重点车辆的监管主要通过路面发现进行事后处置，对驾驶员的管理被动滞后，约束力有限。为进一步规范驾驶行为、降低事故隐患，实现从"粗放管车"向"精细管人"的转变，本案例中某市智慧交通管理部门提出要借助智慧科技赋能，实现交通态势实时监测，使用多个智慧应用升级管控水平。

7.5.2　解决方案

　　为破解城市治理中重点车辆的管控难题，某市智慧城市管理部门提出使用大数据和 AI 赋能城市治理之重点车辆解决方案，利用大数据和 AI 能力构建全息治理解决方案，重点围绕渣土车、化危车、客车、出租车、外地车等重点车辆进行管控，推动实现重点车辆的智慧化、数据化治理。解决方案的系统架构如图 7-5 所示。

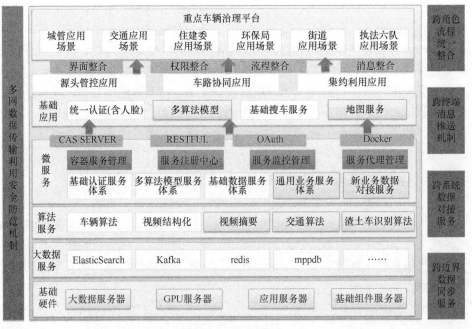

图 7-5　系统框架图

（1）基础硬件部分基于大数据服务器、GPU 服务器等基础硬件，可以更好地承载各类丰富的数据处理、算法运行，保障各类应用平台的正常运行。

（2）大数据服务和算法服务部分基于全文搜索引擎 ElasticSearch 等大数据服务及车辆、交通等算法模型，实现了源头管控、车路联动模型，并结合交通委、城管委、街道、住建、环保等各单位需求，定制针对重点车辆治理的相关应用场景模型。

（3）微服务部分包括基础认证服务体系、多算法模型服务体系、基础数据服务体系、通用业务服务体系、新业务数据对接服务，提供容器服务管理、服务注册中心、服务监控管理和服务代理管理。

（4）基础应用部分，通过统一认证和多算法模型运用时空一张图、AI 算力中心等多项高科技能力，把分散的信息系统进行有效整合，实现重点车辆违规行为的自动研判，做到监管过程"认得出、找得到、判得准、抓得着"，通过技术手段形成强有力的震慑，形成强有力的执法证据，使其在重点车辆监管、治理过程中发挥重要的科技支撑作用。

7.5.3　应用成效

1. 实现对重点车辆的源头管控

从源头抓起，分析治理源头，利用 AI 能力对源头内外视频影像做分析，对车辆行驶规律进行监管。针对油罐车，重点对加油站内外进行视频监管；针对出租车，重点监管出租车公司，通过视频抓拍车辆图像进行分析；针对渣土车，通过卫星遥感自动识别施工工地，从源头加以管理。

2. 实现对重点车辆的车路联动

利用人工智能+大数据能力，对路网上行驶的车辆模型进行精准分析。分析研判出车辆的违法行为，如遮挡号牌、闯红灯、违规上下客等。针对各类安全隐患问题，利用深度学习网络，实现物体检测、多目标跟踪、目标行为判断等算法，具备图像/视频中物体的位置和特征等质量最优的图片的抓拍能力，对各类车辆实现源头管控、违法行为管理、车辆行为数据留存，满足住建委、交管局、交通委、城管执法局、生态环境局等单位的相关管理需求。

3. 提升城市精细化管理水平

通过将实时预警、以图搜车、车辆轨迹，以及历史视频、特征标注和模糊车牌等多项服务功能进行融合，该方案对违规行驶重点车辆实现全方位的发现、研判、预警、防控、处置等闭环管理，形成量化考核指标，实现非现场执法目标，推动体制机制与工作方式的转变，既解决了重点车辆治理难题，又解决了环境污染问题，整体提升了城市精细化管理水平。

7.5.4 案例小结

该案例改变了传统的监管模式，从原有的对重点运输车辆进行监管，转变为以"源头管理制度化、人机协同常态化、闭环管理智能化"为目标，形成重点车辆从源头、运输途中到处置的全链条管理体系、全过程数据化，从源头直接发现问题，快速解决问题，达到重点车辆管理中"用数据研判、用数据决策、用数据治理"的总体目标，是应用大数据和 AI 技术提升城市精细化管理的典型案例，具有一定的示范意义。

第 8 章　数据要素催生创新模式类案例

数据要素在驱动产业资源配置模式加快重构、促进全价值链各类资源的精准对接和匹配、极大提升各行业资源优化效率的同时，也是催生和推动数字经济新产业、新业态、新模式发展的基础。尤其是相关领域各类数据要素按市场需求充分流动、汇聚后将会产生 1+1＞2 的促进作用。本章围绕数据催生创新模式为主线，介绍了 5 个基于数据要素汇聚共享应用的实践案例。

8.1　某市心血管病防控数据应用案例

随着互联网技术的快速发展和医疗信息化的不断推进，基于"互联网+健康医疗"形成的健康医疗大数据已逐渐成为创新健康管理、满足人民群众日益增长的健康需求的重要资源。本案例中，某市疾控中心基于大数据技术建设的"某市心血管病防控数据平台"，通过建立标准统一、独立管理的分布式数据源存储模式和高效共享的数据资源分配和管理机制，全方位整合该市现有心血管疾病和防控数据，实现心血管病防控数据平台的长期运营和对外服务功能，是健康医疗大数据赋能医疗领域慢性病防治的典型案例。

8.1.1　案例背景

某市疾控中心发现，据有关统计数据，近年来，本市心血管疾病发病率远远高于相邻地市，并呈急剧上升趋势。而且据《某市卫生与人群健康状况报告》显示，该市心血管疾病始终占据该市主要死亡原因的第二位，仅低于恶性肿瘤的死亡率。另据专家预测我国人群主要心血管疾病危险因素仍将呈现进一步增加的趋势，这预示着心血管疾病对我国人民健康的威胁以及所带来的经济负担将进一步加重。因此，心血管病防控工作成为该市医疗机构重点关注的工作。但由于目前该市各个医疗机构管理的心血管健康和心血管疾病数据平台相对孤立，没有进行有效整合、处理、分析、挖掘和应用，一定程度上制约了该市对心血管疾病的防控，亟须将各个数据平台有机整合并高效开发利用，建立数据交换和共享标准，整合现有的心血管数据资源，实现临床资料、死因分析、医疗保险、环境与社会数据等数据资源间的互访和交流。为此，本案例中该市疾控中心提出了建设"某市心血管病防控数据平台"，实现该市现有心血管数据全方位整合共享和挖掘应用，以提升心血管病的防控水平，降低该市心血管疾病的发病率和死亡率。

8.1.2　解决方案

本案例旨在通过建设"某市心血管病防控数据平台"，建立标准统一、独立管理的分布式数据源存储模式和高效共享的数据资源分配和管理机制，构建长期可持续发展的运营模式，全方位整合该市现有心血管数据，实现心血管病防控数据平台的长期运营和对外服务功能。

1. 心血管病防控数据平台总体架构

心血管病防控数据平台由数据源管理平台（data sources management platform，DSM）、大数据融合平台（big data merging platform，BDM）和大数据应用平台（big data application platform，BDA）组成，通过这三个平台，实现数据从采集到融合、从分析到应用的全过程管理。总体架构如图 8-1 所示。

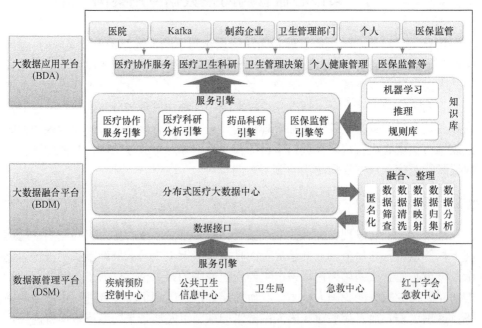

图 8-1　心血管病防控数据平台总体架构

（1）数据源管理平台。

数据源管理平台主要解决来自疾病预防控制中心、公共卫生信息中心等单位数据接入的存放问题，定义不同业务的数据源存放位置、访问权限以及导入规则。同时定义数据接入标准，根据数据提供方的不同数据导入规则校验数源的合法性，为数据源做统一数据备份规则。数据的存储和表达方式也存在很大差异，有结构化的数据，如处方记录、缴费信息、个人统计信息、药品信息等；半结构化的数据，如各类病史的描述；还有非结构化的数据，如疾病检查中的 X 线、CT 等。数据源管理平台根据数据特性和特征制订不同的数据接入策略与接入标准。

（2）大数据融合平台。

大数据融合平台包括分布式医疗大数据中心、数据接口和融合整理三部分，主要负责数据融合处理，包括数据脱敏、建立数据唯一标识，以及数据变量的标准化处理，数据脱敏可将各类数据分类加工，不同领域的原始数据通过数据源平台进入心血管病防控数据平台，通过数据脱敏可对敏感变量进行加密处理，再选择一个或多个变量建立数据的唯一标识，最后通过自动或人工将数据变量进行标准化处理。

（3）大数据应用平台。

大数据应用平台通过服务引擎和知识库为医院、制药企业等提供大数据应用服务，主要是对科研项目、数据研究、数据使用过程及数据权限周期进行管理。应用方可在数据应用平台上建立项目，经过管理员审核通过后方可进行数据探查，并根据科研需求，应用方通过数据应用平台对数据使用进行申请，并可在数据应用平台上申请分析平台进行数据分析工作。

2. 技术要求

（1）按照统一标准，整理各数据源中存在的变量，并对各变量进行分类和密级标识。

根据国际国内电子病历、健康档案以及信息交换等方面的行业标准或规范，如国际疾病分类第 10 次修订本（international Classification of diseases 10，ICD10）、卫生信息交换标准（Health Level Seven，HL7）、国际健康鉴定协会（International Health Evaluation Association，IHE）、系统化医学术语集（Systemized Nomenclature of Medicine，SNOMED）、医学数字成像和传输协议（Digital Imaging and Communications in Medicine，DICOM）、临床数据交换标准协会（the Clinical Data Interchange Standards Consortium，CDISC），以及《电子病历基本架构与数据标准（试行）》等，建立统一的数据标准模型，利用两级标准映射机制，统一不同数据源中的数据，实现不同数据源向大数据中心的数据汇集。

如图 8-2 所示，两级标准映射机制中，首先需要参照既有的国内外标准，定义一个全局统一的数据模型，该模型是大数据平台中的统一数据标准，在大数据平台中建立在数据之上的服务将以此模型为基础进行构建。在第一级映射中，需要建立统一数据模型与国内外被广泛采用的标准（如 ICD9/10、HL7）之间的标准映射关系。如果一个数据源遵循上述标准（如 HL7），则可以直接通过标准映射关系将该数据源中的数据融合到大数据平台中。

一个数据源采用了独特的内部标准，则需要建立该内部标准与通用标准之间的自定义映射关系，进而使用标准映射关系，分两步实现数据向大数据平台的融合；也可以直接建立内部标准与统一数据模型之间的自定义映射关系，一步实现数据向大数据平台的融合。具体是一步还是两步映射实现数据融合，需要根据数据源自身的特点来确定。如果数据源采用的内部标准是基于某种通用标准（如HL7）建立的，则采用两步映射关系较为简单；如果内部标准是完全独立的，则采用一步映射关系较为简单。

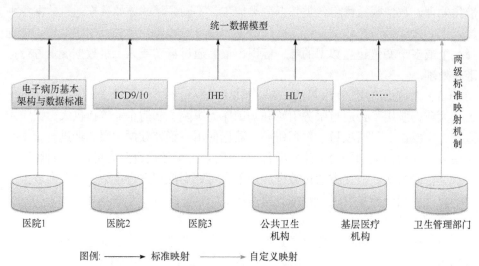

图 8-2　心血管病防控数据平台的两级标准映射机制

（2）标识及变量分类。

从医疗角度，可以建立以个体为中心的时间轴索引；临床上可以分为患者基本信息、用药信息、检验信息、治疗信息、检查信息、手术信息、术后恢复、随访信息等；从存储的角度可以将变量分为数字型、文本型、语音、视频等；从算法分析角度可以分为连续型和数值型。

（3）多源患者主索引（enterprise master patient index，EMPI）。

寻找或建立一个患者主数据源，根据主数据源提供的特征值（姓名、出生日期、身份证号、护照号、社保号等）将多个数据源中的患者信息有效地关联在一起，以实现各个数据源之间的互联互通，保证对同一个患者，分布在不同数据源中的个人信息采集的完整性和准确性。

（4）数据脱敏处理。

主要对以下信息进行脱敏处理：姓名；省市以内的位置信息；精确的出生日期；电话号码；传真号码；电子邮件；身份证号码；社会保险号码；医疗保险账号；医疗记录号码；银行账户；证书/执照号码；车牌号；IP 地址；个人主页 URL；生物学标识；全脸照片；其他唯一编码。同时还需对医生信息进行脱敏处理，避免统方现象。针对时间类的信息，还可以采用时间漂移等脱敏策略。

（5）数据保密。

针对用户注册与登录，连续密码错误需要重新验证。用户登录后若检测到登录 IP 变化需要预警，同时针对超过使用周期的数据自动销毁等。

8.1.3 应用成效

一是通过数据源管理平台实现本市心血管疾病预防控制中心、公共卫生信息中心、卫生局、急救中心及红十字会急救等相关部门关于血管病医疗数据的汇聚，并通过匿名化、数据筛查、数据清洗、数据映射、数据归集等处理，形成标准规范的数据库，为数据分析、挖掘和应用奠定良好的基础。

二是平台通过运用数据挖掘、统计分析、人工智能、机器学习、自然语言处理等技术，结合心血管医疗大数据的特点及医疗行业的理论知识，实现对心血管医疗大数据进行挖掘分析，支撑本市医疗协作服务、医疗卫生科研、卫生管理决策、个人健康管理及医保监管等服务，提高本市各医疗机构对心血管疾病的预防和控制，以及治疗能力。

8.1.4 案例小结

本案例按照国内外医疗卫生相关标准如 HL7、《电子病历基本架构与数据标准（试行）》等构建心血管病防控数据平台，运用大数据、人工智能等技术，实现心血管疾病医疗大数据的融合、标准化及挖掘运用，作为多数据源、多中心数据共享合作模式示范项目，对本市心血管疾病的防控和治疗发挥积极作用，同时，也是健康医疗大数据在传染病、预防接种、慢性病等疾病防控领域的防控模式创新，提高区域疾病防控和健康管理水平，培育发展新业态的一个有益尝试。

8.2 基于 5G 的 ICU 远程重症监护应用案例

5G 技术带来更广泛的人与物、物与物之间的连接，激发云计算、大数据和人工智能等技术的潜力，开启一个万物智能互联新时代，为工业、农业、交通和医疗等垂直行业领域的数字化、智能化奠定了基础，对社会经济的支持能力日益增强，成为优化经济结构、促进实体经济振兴的重要引擎。在健康医疗领域，基于 4G 或 WiFi 的网络平台均无法满足海量医疗数据传输、实时监护、快速反应、精准诊疗、可移动化的应用要求。因此，借助 5G 网络的低时延、大容量、低功耗和高效率、较高的稳定度与网络切片技术，以及医疗装备的精准化发展，远程监护将变得更加高效便捷、安全可靠。本案例通过构建基于 5G 的重症监护病房

（intensive care unit，ICU）远程重症监护平台，利用 5G 技术辅助远程连续监控，对患者的生命体征进行实时、连续和长时间的监测，并将监护仪、呼吸机等医疗设备获取的生命体征数据和危急报警信息通过 5G 网络传送给医护人员，有利于临床医疗决策智能化应用，为重症患者治疗及临床监护提供强有力的保障。

8.2.1　案例背景

ICU 是重症医学学科的临床基地，主要为因各种原因导致一个或多个器官与系统功能障碍危及生命或具有潜在高危险因素的患者提供系统的、高质量的医学监护和救治技术，是医院集中监护和救治重症患者的专业科室。通过 ICU 可有效地对急危重病人进行监护，给予急危重病人及时、高效的救治措施，对最大限度地降低其死亡率和后遗症率具有重要的意义。然而，当前我国各地区、各医院的ICU 建设存在设备资源投入不均衡、专业人力资源缺乏等问题，尤其是 2020 年新型冠状病毒疫情暴发后，各地 ICU 都相继"爆仓"，出现了 ICU 病床一床难求的现象、ICU 医护人员分身乏术的情况。于是越来越多的医院将目光投向了远程重症监护室（tele-ICU）的建设，本案例中，某医院联合某公司提出了通过应用5G、大数据等新一代信息技术构建 ICU 远程重症监护平台，满足医患对 ICU 的需求。

8.2.2　解决方案

针对 ICU 重症监护资源供需不平衡的问题，本案例充分发挥 5G 技术的特点优势，基于大数据、AI、物联网等新技术的应用，为医院医护人员提供基于 5G 的远程重症监护平台，提升 ICU 重症监护效率。如图 8-3 所示，该平台主要由数

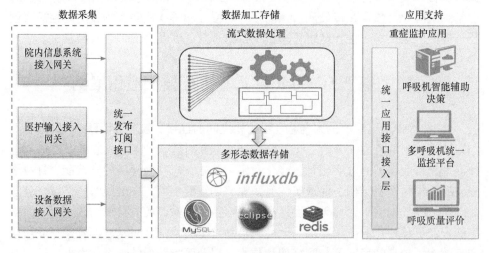

图 8-3　总体架构图

据采集、数据加工存储、应用支持三部分组成，下面从功能上对各部分进行简要说明。

1. 数据采集

重症医学作为一个信息密集临床学科，拥有大量床旁设备：监护仪、呼吸机、输液泵、血液透析机、体外膜肺氧合（extracorporeal membrane oxygenation，ECMO）及有创监测设备等，各种仪器产生大量实时数据。本案例利用 5G 专业数据网关可靠地连接各类监护设备，实时访问数据实现床旁设备联网，自动采集和集中各种监测数据和治疗数据，形成临床重症医学数据中心，为数据的应用和挖掘打下基础；通过数据采集平台提供支持 HL7、DICOMM 等医疗交互协议的收集服务与院内医院信息系统（hospital information system，HIS）、实验室信息管理系统（laboratory information management system，LIS）、影像归档和通信系统（picture archiving and communication system，PACS）等系统进行交互；提供设备接入网关，实现对医疗设备数据的协议解析、数据缓存和数据上传；提供医护交互设备和应用，医护人员输入病人相关信息。

2. 数据加工存储

数据加工存储平台包括流式数据处理和多形态数据存储，主要对 ICU 内多设备在临床过程中产生的各种类型的大数据进行加工存储，如监护仪监测患者的心电图、心率、脉搏、有创血压、无创血压、血氧饱和度等数据；支持多种通信协议和自定义协议保证了并发解析效率，通信安全，性能稳定，可同时支持 700 台临床设备的实时通信，并根据不同的数据结构类型选用 MySQL、InfluxDB、MongoDB 等多种数据库；汇聚 ICU 内互不相连的患者监护设备的数据，为临床医生提供实时数据，临床医生随时随地通过移动终端安全地查看患者信息，使临床业务覆盖面大大拓展，帮助临床医生提高患者监护质量，实现更便捷的数据保存。

3. 应用支持

应用支持平台基于 5G、AI 和大数据技术，以 ICU 实际业务场景应用为基础，提供统一的数据接口和应用部署引擎，简化应用的开发和人工智能模型的部署。通过统一应用接口接入层，提供呼吸机智能辅助决策、多呼吸机统一监控、呼吸质量评价等应用，实现 ICU 信息化业务应用和 ICU 综合管理。完善和提升 ICU 重症监护数字化、信息化建设，沉淀高质量海量临床数据，优化产品应用，促进数据融合及共享。

（1）采用 Redis+InfuxDB 双数据库架构，真正实现了实时数据的秒级传输，保证在数据层面上不遗失任何重要的信息。从根本上解决了重症时间序列数据的数据处理和存储瓶颈，使得系统中可以完善地存储患者秒级的实时数据，并方便地呈现。

（2）充分利用了 ICU 的各种实时监测数据，采用多尺度卷积神经网络（multi-scale

convolutional neural networks，MCNN）和时间切片回归（time-slicing cox regression，TS-Cox）两个模型专门用于处理时间序列，并综合采用机器学习和深度学习领域相关算法建模。相比较于传统的循证医学方法，更加关注不同数据维度之间的关联性，能够更好地解决不常见病例预测准确性问题。

（3）针对 ICU 重症监护数据的多样性、异构性、隐私性等特性，创新性地提出了利用未来网络前沿传输技术，实现面向 ICU 重症监护数据差异化交互处理方法，以优化传统 ICU 重症监护数据采集和平台数据对接过程。

（4）构建、完善 ICU 重症监护数据服务协作网络的规范与标准体系，基于边界技术制定 ICU 重症监护数据采集标准及安全操作流程，规范 ICU 重症监护数据的收集、存储、应用、管理。

（5）支持云计算、云存储，以云数据库的形式建立数字化分析平台，针对电子病历等医疗数据与本课题的跨域问题，通过分布式数据存储系统，实现跨平台传输、存储及共享。

（6）通过自然语言处理、数据挖掘等技术，处理电子病历系统中非结构化数据，利用边界技术，实现关键信息提取以及隐私安全保护。

（7）通过基于深度学习等前沿技术对数据进行嵌入，有效融合多源、异构、不规整、有缺失值的数据，提升算法预警性能。通过数据可视化和医学知识结构化，增强模型可解释性。

8.2.3　应用成效

基于 5G 和 AI 技术的 ICU 远程重症监护创新应用促进医院实现向"以病人为中心"的临床信息化方向转变，通过平台的建设，为医院打造一套全新的临床服务模式。

（1）通过移动化、物联化和图形可视化等技术手段，与医院综合业务系统、床旁全类型监护设备整合，实现重症监护患者信息及监护数据的自动采集、存储与共享，实现监护预警、医护患者协同、病情评分、补液平衡分析、移动护理、临床数据分析等功能，有利于监护设备的高效使用，有利于提升和培养医护专业人员、有利于实现 ICU 重症监护高效管理。

（2）实现 ICU 随时随地对患者医疗护理数据的集成与展现，有利于危重症患者的抢救、治疗、护理等诊疗全流程闭环管理；有利于临床医疗决策智能化应用，为重症患者治疗及临床监护提供强有力的保障。

（3）配合 ICU 重症科室管理机制等的落实，全面实现 ICU 重症数字化共享管理，为 ICU 重症沉淀大量高质量时序数据，并通过大数据分析及 AI 人工智能的拓展应用，有利于实现临床医疗创新性研究及技术成果转化，是"5G+医疗健康"创新应用的典型示范。

（4）通过将各类型监护设备集中使用，便于维修保管，节省人力、物力；有利于重症监护集中管理，加强医护力量；有利于各科相互协作，提高诊疗水平。通过集中监护管理，有利于积累医护人员的监护经验，面对突发情况能够快而不乱地应对，加速人才培养。

（5）重症监护病房的建立与发展，有利于提高医疗护理质量，积累经验，必将带动一般病房医疗护理工作的发展和提高。

（6）实现全院重症监护数据统一管理应用，确保院内医疗数据共享及互联互通，实现患者诊疗全流程管控，有利于全院整体信息化建设。

（7）实现院间重症临床数据的共享，进一步推动临床科研、远程诊疗、远程教育以及基于数据的人工智能辅助决策的实现，有利于临床医疗决策智能化应用。

8.2.4　案例小结

本案例打造了大带宽、低时延、高安全的 5G 重症监护定制专网和监控平台，通过对呼吸机、监护仪、输液泵等生命体征监测等设备进行 5G 技术改造、实时数据传输、形成以病人为中心的可视化展示，全方位了解患者病情，给医护人员带来更为便捷的诊疗手段，让患者不再感到孤独与恐惧，更显人文关怀，最重要的是能在一定程度上提高危重症患者的救治成功率，筑牢生命最后一道防线。同时，根据采集结果，综合患者其他信息，可实现在远程重症监护平台自动生成 ICU 相关医疗文书，达到提高工作效率的目的。本案例是 5G 赋能健康医疗领域的一个典型案例，同时，借助 5G 的可移动性，后期可拓展到科室 ICU 单元、移动 ICU、空中 ICU 等急救领域应用。

8.3　物流行业智慧物流电子商务应用案例

物流业是支撑国民经济发展的基础性、战略性产业。在电子商务和大数据快速发展的背景下，物流行业面临着技术和市场带来的冲击，智慧物流应运而生。一般来说，智慧物流基于传统物流，引进大数据、物联网和智能化技术，使得物流系统具备智能化特性，能够自动对物流环节的突发情况进行及时处理，能有效提高物流水平，不仅对企业管理起到积极作用，还能帮助企业更好地满足用户的需求。近年来，智慧物流出现一些新特点，发展出不少典型的应用场景，各企业围绕产业链与创新链的结合布局正在加速发展。本案例就是一个通过构建"智慧运输物流电子商务平台"实现数据赋能物流行业发展的有益实践。

8.3.1　案例背景

传统货运企业在供需匹配、运输管理等环节存在许多弊端，如资源分散供需匹配效率低、物流运输管理标准化程度低、运输线路决策效率低、贷款结算环节不透明等，导致物流运输成本居高不下。本案例通过构建"智慧运输物流电子商务平台"提供覆盖全国的物流运力网上竞价及交易的承运服务。搭建驾驶员和货主之间的信息共享交流平台，通过物流运力供需信息的精确匹配，提高物流效率，降低企业物流成本。

8.3.2　解决方案

基于大数据、云计算等技术搭建智慧物流电子商务平台，利用移动互联、智能终端等手段，采集、录入物流数据，依托面向运输、配送等行业的智能物流运行平台，驾驶员可以主动搜索平台货源，平台也能为用户精准推送货源信息，实现对物流资源的专业化管理和智能化调度。平台运作模式如图 8-4 所示。

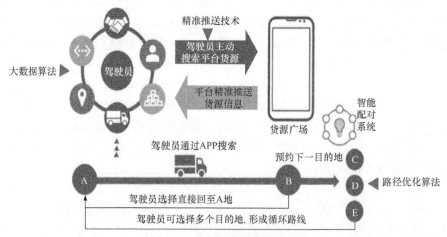

图 8-4　平台智慧化决策示意

平台通过对物流大数据的采集、建模和分析，能够实现以下业务的智慧化运作。

①分析货主的历史发货时间、发货线路、发货种类、发货批量及用车情况，把握货主的发货规律及用车需求，精准推送车源与空车信息；

②分析承运人的历史发车频率、常驶线路、承运货物类型及批量，把握承运人的承运偏好及流向规律，精准推送货源与常驶线路的货源信息；

③通过智能配对、精准推送技术最大限度地提高效率，降低企业物流成本。

8.3.3　应用成效

通过平台建设，在智慧物流驱动下，对驾驶员用户而言，由于实现了货源的精准匹配，减少了等待时间和空载次数，业务量大幅度增加，同时运费结算得到保障，提高了驾驶员总收入。对货主端用户而言，平台能精准推荐服务商，有利于推行运输与管理标准化。据统计，平台为货主节约物流成本超 20 亿元，降低10%的成本，为承运人减少55%的找货时间。

8.3.4　案例小结

在消费升级时代，人们在追求货品安全的同时，更关注货物运输的速度与便捷性。本案例通过构建基于物流运力大数据的智慧物流电子商务平台，基于"互联网+物流"共享模式，整合社会运力资源，实现多种车型的即时智能调度，满足了个人与企业多业务的不同场景需求，有效降低了货主与司机的沟通成本，提升物流效率，充分发挥社会运力资源效益，实现货主、司机和平台方的合作共赢，也是大数据赋能物流业效率提升的典型案例。

8.4　数据应用赋能中小银行业务发展案例

在科技浪潮推动下，金融科技已然成为焦点，金融科技如何赋能金融机构转型升级成为新时代的重要议题。以人工智能、大数据、云计算和区块链为代表的新技术的兴起，为传统金融行业转型变革奠定了技术基础。鉴于在金融业数字化转型升级的过程中，我国中小银行与大中型银行相比，存在资金规模小、内生动力匮乏、创新能力不足、风控体系不够完善等问题，对广大中小银行来说，利用大数据技术来帮助其实现差异化的精准营销、经营管理的创新，以及风险控制的优化是当务之急。本案例借助大数据分析技术和人工智能等新技术，打造具有"中小银行特色"的大数据平台，提升数字化运营能力，在一定程度上解决了企业的难点和痛点，促进银行业务发展，核心竞争力得以进一步提升。

8.4.1　案例背景

在这个数据多元、海量、高速产生，金融监管日益加强、新的竞争者不断涌现的时代，广大中小银行面临传统业务和金融科技衔接模式不能适应社会要求和客户需求的挑战：一是在"防风险、严监管"的行业大背景下，银行对业务风险的洞察力需要不断提升；二是从数字经济时代，人们的消费习惯来看，银行的信贷等各项业务线上化、渠道化、场景化将是大势所趋；三是大数据时代，如何在全行层面有效地协同推进精准营销，促进业务条线内部开花结果，是当务之急。为了生存和发展，中小银行必须全面创新转型，以应对全新的机遇和挑战。尽管这些年，中小银行已开始研究并探索应用大数据的收集和使用解决企业发展面临的系列问题，但如何从银行的业务特点着手，找到并迅速解决对应的业务难题，是其中的重点和难点。本案例中某中小银行提出"科技人员拥抱业务，助推经营模式转型"的新思路，聚焦核心业务，通过利用大数据、人工智能等新技术，打造具有"中小银行特色"的大数据平台和应用体系。

8.4.2　解决方案

针对风险把控难，客户营销不够精准，总体数字化运营能力欠佳等问题，该银行自主研发打造了包括客户营销、风险管理等核心应用模块的大数据平台。

1. 构建大数据平台，提升数字化运营能力

建设包括数据采集层、数据存储与计算、数据访问层、数据应用层等核心功能模块的大数据平台，功能上全面整合行内各系统数据，并接入了海量外部数据，实现行内与行外数据结合，为风险管理、客户营销、监管报送等系统提供数据支持。性能上，平台能容纳超过 500T 的数据量，并具备数据治理子系统、自动投产子系统、批处理作业调度子系统和研发管理工具集，可高效提供数据联机查询、流处理等多元化类型服务。总体架构如图 8-5 所示。

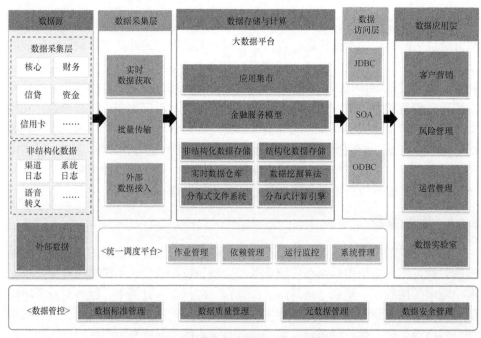

图 8-5　某银行大数据平台架构图

2. 构建数据管理体系，规范数据管理

遵照银行业相关标准，建立完善企业级数据标准和指标体系，依托数据标准，从流程、技术到管理，助力数据管理体系建设。

（1）指标体系标准化。按照《中国银监会关于印发银行监管统计数据质量管理良好标准（试行）及实施方案的通知》（银监〔2011〕63 号）等相关标准规范要求，自上而下推动建立统一、及时、准确的企业级数据标准和指标体系，做到业务语义的全覆盖，为企业级数据治理体系的建设打下了坚实的基础。标准化建设使用户有统一、准确的查询依据，同时满足包括固定报表、明细数据、可视化分析、数据挖掘等日常用数的所有需求。

（2）开发模式平台化。采用敏捷开发模式，专业科技人员专注平台基础数据组件开发，而业务分析人员针对各类数据场景利用各类数据指标构件进行装配，形成标准化数据分析结果。解决了原来的重复开发、口径冲突和数据质量问题，大幅提升了开发效率和数据质量。例如，业务人员通过行内数据百度查阅各种数据指标含义和用法，然后对相关指标数据进行拼装加工，可快速生成对应报表来分析汇报。

（3）统计分析便利化。搭积木式的数据装配式开发可以大幅降低数据分析门槛，提高统计分析结果精准度，形成"了解标准、使用指标、自助分析"的自主探索模式。通过自选统计指标，定制统计报表，既符合外部监管指标的准确性和唯一性，又满足内部统计分析的多样性和统一性，进一步地结合可视化工具建立可视化分析场景，可将统计指标通过不同粒度进行钻取、图表联动等分析，为业务人员提供强大的数据装配能力。

3. 建设客户标签管理体系，实现客户标签资产管理

（1）建立客户标签体系。丰富客户标签，完善标签体系的内容，并基于真实业务需要重新梳理标签体系，大大提升对业务的支撑作用。

（2）建设客户标签管理体系。实现标签的全生命周期管理，集体系化的标签建设、运营与管理于一体，实现真正的"客户标签资产"管理。

（3）建立并发布全行标签管理的制度流程。标准化标签管理，从业务角度到技术角度梳理并建立客户标签管理的完整体系，实现标签的"可建、可管、可追溯"。

8.4.3 应用成效

本案例通过大数据平台建设，实现了核心技术的安全可控，促进了行业创新与变革，为大数据技术在银行全面风险管理、统计指标体系建设、客户精准营销、内部运营管理等各领域的成功应用奠定了扎实的基础。重点应用成效如下。

1. 提升银行全面风险管理能力

依托内外部数据整合建模、大数据模型的预测能力和稳定性，以及实时处理的响应能力，有效提升风险预警、处置的效率，增强风险管理的决策能力，同时降低风险管理的成本。

（1）内外数据有效利用，保证数据信息全面性。融合互联网数据、专网数据、行内数据，形成风险监测、分析的全景信息视图，消除风险管理过程中的信息不对称，为全面风险监测奠定数据基础。

（2）构建风险模型，实现风险监测智能化、系统化。通过关联分析、挖掘模型、机器学习等，建立数据模型，对潜在风险进行自动预警以及为后续风险处置提供决策依据；根据不同的风险预警信息，进行全流程风险处置，切实强化了贷前、贷中、贷后三阶段管控，帮助银行把不良贷款率持续稳定在较低水平，风控能力达到国内同行业领先。

（3）风险实时探测，实现事中风控自动化。通过风险预警模块探测客户标识，并结合内外部大数据进行贷前贷后风控和反欺诈实时探测，有效支持各类实时交易反欺诈和线上信贷业务实时风控需求。

2. 实现中小银行业客户精准营销

基于大数据平台建立的多渠道的数据联通机制和客户标签管理系统，通过应用数据挖掘技术、人工智能技术，实现中小银行客户精准营销。

（1）通过数据挖掘技术，助力精准营销。基于平台上建立的多渠道的数据联通机制，搭建强大的智能数据挖掘平台，实现客户数据的全面视图和统一分析，在存量"活"客与智能"获"客领域上精准识别商机并深入挖掘客户价值。例如，支持业务部门对客户的精准有效画像，这区别于以往标签画像，是把客户行为更精准地记录并描述，抓住每位客户的特质。

（2）通过人工智能技术，改变业务模式。应用人工智能技术，以客户为中心，深入捕捉客户需求与行为特征，为客户提供定制化的产品及实时便捷的服务，从传统的渠道化、同质化、批量化的营销转为基于大数据的互动化、个性化、精准化的营销，提升客户体验。

（3）通过客户标签管理系统，策划标杆业务应用场景。以真实场景为核心切入点，依托标签实现客户的深入洞察，识别客户的真实金融需求，逐步成为客户的贴身金融管家，提升客户体验和客户黏性。

（4）通过数据业务价值（data value analysis，DVA）量化挖掘成果。提出了DVA计量指标，实现数据挖掘成果的量化考核，解决了实践中营销效果难以计量的难题。

3. 提升银行数字化运营能力，实现运营模式创新

基于运用大数据平台提供的可视化技术、搜索引擎技术、实时流处理技术，通过对大数据平台内外数据挖掘融合应用，提升银行数字化运营能力，推动建立以客户为中心的运营模式创新。

（1）通过可视化技术，清晰展示数据价值。运用平台强大的可视化技术，用简洁、清晰以及实时的图形式代替了传统的数据表格信息，实现所见即所得。

（2）通过搜索引擎技术，实现自主数据探索。利用实时搜索引擎技术搭建的自助数据探索平台，业务人员无须通过科技人员即可在线进行业务数据的提取与分析，实现毫秒级返回任意组合查询，大大提高了业务团队及管理团队的工作效率。

（3）通过实时流处理技术，实现动态业务跟踪。基于平台实时流处理技术，实现基于事件式的动态业务提醒与预测，帮助客户经理及时洞察客户需求与异动。

8.4.4　案例小结

数字经济时代，金融科技已全面融入支付、信贷、保险、证券、资产管理、供应链金融等各领域，并借助大数据技术，在业务流程、客户服务等方面进行全面提升，实现金融产品、风控、服务的智慧化，提供高效、便捷、透明的高品质金融服务。本案例通过大数据、云计算等技术，构建金融大数据平台，借助金融科技创新应用，较好地支撑中小银行在风险管理、客户营销方面的效率提升，是大数据平台赋能银行业务发展的典型示范，对广大中小银行抢抓大数据时代发展机遇，突破业务发展瓶颈，具有一定的参考价值。作为金融科技创新的成功实践，具体的实施方法和思路值得学习和借鉴。

8.5　工业互联网+大数据+保险的完整商业闭环案例

工业互联网是新一代信息通信技术与工业经济深度融合的新型基础设施、应用模式和工业生态，通过对人、机、物、系统等的全面连接，构建起覆盖全产业链、全价值链的全新制造和服务体系，为工业乃至产业数字化、网络化、智能化发展提供了实现途径。当前，工业互联网融合应用向国民经济重点行业广泛拓展，积累了大体量的工业大数据，赋能、赋智、赋值作用不断显现，有力地促进了实体经济提质、增效、降本、绿色、安全发展。本案例中掌握丰富工业大数据的某公司和持有大量保险数据的某保险公司基于互补的资源需求，开展了企业间跨界协作，促成了基于车主驾驶行为差异化的车险（usage-based insurance，UBI）产品顺利落地实施，实现复合数据应用驱动业务创新和合作共赢，也是工业大数据赋能保险业务创新的一个典型案例。

8.5.1　案例背景

近年来，随着物联网、大数据技术在经济社会生活各领域的广泛运用，网络化生活、数字化生存成为潮流和趋势。大数据时代的到来，让人们享受技术发展和应用带来的种种快捷和便利的同时，也颠覆了一些传统行业的运行模式，保险业作为产业风险数据运营商也在大数据发展的潮流中面临着一些挑战,传统保险的业务类型及基于累积数据的静态定价模式已满足不了客户的需求。保险公司若想在大数据时代有所作为,仅凭自身的经验数据与技术基础是远远不够的,因此,积极开展与上下游产业或其他关联产业的战略合作尤其是务实推进数据共享和融合应用就显得极为重要。例如,某保险公司在发展 UBI 业务时需要根据大量车主的驾驶行为和车辆数据,来计算 UBI 保险费用,因此如何采集大量车主驾驶行为数据和车辆数量成为推进 UBI 业务发展的关键。

该互联网公司作为国家级的跨行业跨领域工业互联网平台企业,经过多年的发展,可以面向机器制造商、设备使用者、政府监管部门等社会组织,在机器在线管理(服务、智造、研发、能源)、产业链平台、工业 AI、设备融资等方面提供数字化转型服务。截至 2021 年 1 月 31 日,平台已经接入各类工业设备超过 79 万台,打造了包括工程机械、混凝土、环保、铸造、塑料模具、纺织、定制家居等在内的 20 余个行业云平台,赋能达 81 个细分行业,连接超 6500 亿设备资产,为客户开拓年均百亿元新业务,减少不良资产总值数十亿元,帮助客户以工业互联网平台为抓手,快速搭建起智慧产品、智能研发、智能制造、智能服务和产业金融的创新链,带动一大批上下游企业完成数字化转型,助推我国制造业实现提质增效。而且,随着平台连接的用户和设备数量的激增,公司沉淀了大量数据资源,在数据就是生产力的时代,如何发挥平台数据的商业价值成为公司战略发展所关注的重点。于是,本案例中某保险公司和该公司基于互补的资源需求达成了合作共识,依托工业互联网平台实现 UBI 产品顺利落地实施,工业互联网平台依托保险公司打造物联网金融增值服务盈利模式,打通工业互联网平台在 UBI 实现过程中从端到端的应用,打造物联网平台服务保险业的能力,通过构建工业互联网+大数据+保险的完整商业闭环,实现复合数据应用驱动业务创新和合作共赢。

8.5.2　解决方案

为解决保险业务动态个性化定价,促进 UBI 落地实施,本案例通过对工业互联网数据及企业运营数据进行深度挖掘与应用,产融结合打造具有市场竞争力的物联网金融系列产品,发现复合数据的商业价值,探索数据变现模式。

1. 构建保险大数据平台

基于工业互联网平台的大数据能力,建立保险大数据平台,为保险业务提供设备数据接入、协议适配解析、数据存储计算、基础数据服务,以及与保险业务尝试融合的贴身服务型数据产品;并可将数据需求和使用情况反馈到硬件平台进行优化更新。保险大数据平台包括保险数据服务平台和保险应用平台。从逻辑功能上分为技术、数据、业务三个层面，其中，技术层面提供批量计算、实时检索、流计算、预测分析的能力；数据层面包括数据本身、数据服务、数据产品；业务层面实现数据整合、设备画像、设备全生命周期管理（历史、现在、未来）。平台具体架构如图 8-6 所示。

图 8-6　保险大数据平台

2. 工业互联网架构

平台采用合作方提供的标准移动装备工业互联网架构：终端硬件+GPS+移动互联网+云平台。平台的工业互联网架构如图 8-7 所示。

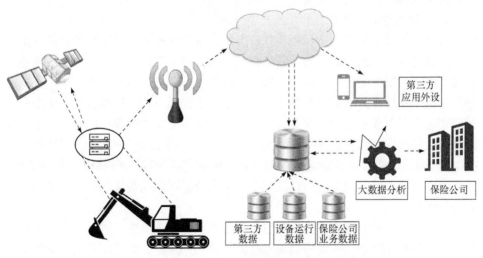

图 8-7　工业互联网架构示意图

3. 数据架构和应用

平台基于工业物联网平台构建包括实现数据采集接入、数据存储、数据管理、数据清洗、数据挖掘分析、数据服务与数据产品等功能的数据架构和应用体系。通过及时采集大量第三方设备数据、外部数据和保险业务数据等不同类型的数据，提供基础的数据清洗与管理服务、设备工况画像分析服务、设备维保画像分析服务，结合工况和维保数据以及保险经验构建的质量评估指数/维修概率预测模型，生成设备的综合状态评估，以及设备企业的运营状况及信用风险等模型，为保险业务提供更加精准的服务。

8.5.3　应用成效

1. 促进保险业务由静态定价向动态和个性化定价转变

通过基于设备的数据对损失概率进行预测，在设备定价中将每一台设备运行数据（工况数据）作为定价变量来考虑，可以对每台单独设备提供更加准确、公允、动态的定价，帮助保险公司进行风险选择与精准定价。例如，以设备的物联数据和设备维修换件数据为基础，完成数据的评估和分析，针对设备使用情况与设备故障维修情况进行大数据挖掘与建模，建立挖机设备质量评估指数。根据模型成果开发用于精算定价与风险选择的数据产品，协助保险公司的精算和产品研发部门在用户使用场景、风险管理上提供技术、数据及运营支持，并结合挖机质量评估指数及其他变量信息，帮助其完成 UBI 产品及延保产品的定价。而且，对于开展业务的设备，其设备维修费用及利润比例都可明确分析与排序，并指导保险对于每一档进行精准定价。这与传统保险基于累积数据的静态定价相比，准确性和公正性都有了极大的提高。

2. 实现数据驱动的核保和保险产品创新

从保费规模、利润、承保机器数量出发，基于对不同类型挖机的设备数据、生产数据及其历史保险数据的关联分析，可以得出中挖是最"值得"开展业务的机器类型，小挖次之，大挖第三。加入承保投入和单均价值的考虑，中挖仍然是最"值得"开展业务的机器类型，大挖次之，小挖第三。开展业务时，中挖和大挖应该拒保第九和第十档的业务，小挖应该拒保第十档的业务。同时，基于对挖机维修换件数据以及错误检查和纠正（error correcting code，ECC）工况数据的挖掘与分析工作，可将分析结果应用于物联网数据产品开发、客户服务、保险理赔、二手设备价值评估、延保产品以及二手设备质量保证保险等新的保险业务的开发和创新应用。

此外，通过平台整合保险行业与上下游产业的相关数据，进行精算分析与建模，基于移动互联端的时间序列动态数据评估客户风险，改进原有的定价模型，强调差异化与精准化定价，为客户提供专属保单，提供满足大数据时代客户需求的保险产品。

8.5.4　案例小结

　　本案例聚合装备制造、工业互联网及金融保险类三方面的人才和技术,基于物联网的优势,将物联网技术与基于物联网数据的大数据分析在 UBI 保险领域进行了深入的研究和应用,首次探索和尝试"装备+数据+金融"的闭环商业模式,把物联网中的大数据采集提取分析出来,共同对物联网数据及企业运营数据进行深度挖掘与应用,研发基于物联网的保险产品,探索工业大数据创新性商业模式,发掘工业大数据的金融价值,充分发掘复合数据的价值,是数据要素跨行业融合应用支撑协同创新的一个典型案例。

名 词 解 释

1. DCMM（data management capability maturity assessment model）：数据管理能力成熟度评估模型。

2. 机器学习：机器学习是人工智能核心，是使计算机具有智能的根本途径。它专门研究计算机怎样模拟或实现人类的学习行为，以获取新的知识或技能，重新组织已有的知识结构使之不断改善自身的性能。

3. 数字鸿沟（digital divide）：数字鸿沟是指在全球数字化进程中，不同国家、地区、行业、企业、社区之间，由于对信息、网络技术的拥有程度、应用程度以及创新能力的差别而造成的信息落差及贫富进一步两极分化的趋势。

4. 数据治理（data governance）：数据治理是组织中涉及数据使用的一整套管理行为。由企业数据治理部门发起并推行，关于如何制定和实施针对整个企业内部数据的商业应用和技术管理的一系列政策和流程。

5. 临床信息系统（clinical information system，CIS）：临床信息系统支持医院医护人员的临床活动，收集和处理病人的临床医疗信息，丰富和积累临床医学知识，并提供临床咨询、辅助诊疗、辅助临床决策，提高医护人员的工作效率，为病人提供更多、更快、更好的服务。

6. 物联网（internet of things，IOT）：是指通过各种信息传感器、射频识别技术、全球定位系统、红外感应器、激光扫描器等各种装置与技术，实时采集任何需要监控、连接、互动的物体或过程，采集其声、光、热、电、力学、化学、生物、位置等各种需要的信息，通过各类可能的网络接入，实现物与物、物与人的泛在连接，实现对物品和过程的智能化感知、识别和管理。物联网是一个基于互联网、传统电信网等的信息承载体，它让所有能够被独立寻址的普通物理对象形成互联互通的网络。

7. 互联网+：互联网+是指在创新 2.0（信息时代、知识社会的创新形态）推动下由互联网发展的新业态，也是在知识社会创新 2.0 推动下由互联网形态演进、催生的经济社会发展新形态。

8. 元数据（metadata）：元数据又称中介数据、中继数据，为描述数据的数据（data about data），主要是描述数据属性（property）的信息，用来支持如指示存储位置、历史数据、资源查找、文件记录等功能。

9. 数据生命周期管理（data life cycle management，DLM）：是一种基于策略的方法，用于管理信息系统的数据在整个生命周期内的流动——从创建和初始存储，到它过时被删除。

10. 分级存储管理（hierarchical storage management，HSM）：可以经济地利用备份存储设备，用户不需要了解文件是在什么情况下被回复的，实现了安全稳定的数据备份存储方案。

11. GDPR（General Data Protection Regulation）：《欧盟数据保护通用条例》。

12. MDM（master data management）系统：主数据管理描述了一组规程、技术和解决方案，这些规程、技术和解决方案用于为所有利益相关方（如用户、应用程序、数据仓库、流程以及贸易伙伴）创建并维护业务数据的一致性、完整性、相关性和精确性。

13. SAP 系统（systems applications and products in data processing）：又称企业管理解决方案，其功能为：借助软件程序为企业定制并创建管理系统，对企业的人力资源、物流运输、销售服务、交易支付、产品规格及质量、生产活动、原材料采购、货物仓储及库存管理等全部经营活动与环节，实施监督、分析及管理，形成数据化的资源管理系统，为企业生产、决策、组织运营提供指导及依据，有利于企业财务管理质量的提升，有利于企业资金的合理分配。

14. 项目管理（project management，PM），是以项目为对象的系统管理方法，通过一个临时性的、专门的柔性组织，对项目进行高效率的计划、组织、指导和控制，以实现项目全过程的动态管理和项目目标的综合协调与优化。

15. MongoDB：MongoDB 是一个基于分布式文件存储的数据库，由 C++语言编写，旨在为 WEB 应用提供可扩展的高性能数据存储解决方案。

16. ETL（extraction-transformation-loading）：数据提取、转换和加载。

17. KPI （key performance indicator）：关键绩效指标。

18. RFID（radio frequency identification）：射频识别，其原理为阅读器与标签之间进行非接触式的数据通信，达到识别目标的目的。

参 考 文 献

[1] 蔡跃洲, 马文君. 数据要素对高质量发展影响与数据流动制约[J]. 数量经济技术经济研究, 2021, 38(3): 64-83.

[2] 郭琎, 王磊. 科学认识数据要素的技术经济特征及市场属性[J]. 中国物价, 2021, (5): 12-14, 26.

[3] 余辉. 融通数据要素[J]. 中国金融, 2021, (3): 104.

[4] 姚志刚. 数据要素产权界定[J]. 合作经济与科技, 2021, (13): 190-192.